吉林师范大学教材出版基金资助

传感器及检测技术

周福恩　卢　微　主编

中国农业出版社
北　京

内 容 简 介

　　本书从实用的角度并结合应用实例介绍了检测技术基本知识、误差理论以及传感器的基本结构、工作原理和检测电路等内容，重点阐述了各类传感器（电阻应变式、电容式、电感式、压电式、热电式、霍尔式、光电式等传感器）的组成结构、工作原理、检测电路、应用实例，将检测技术与传感器有机结合。

　　全书共分9章，内容涉及检测技术基础、传感器基本知识及电阻应变式、电容式、电感式、压电式、热电式、霍尔式、光电式等传感器的工作原理和应用电路。

　　本书内容广泛、结构完整、涉及面广，突出传感器的工作原理和应用。本书可作为高等院校传感器技术课程的教材，也可作为相关专业工程技术人员的学习及参考用书。

主　编：周福恩　卢　微

副主编：张　刚

前 言

现代信息技术包括传感器技术、通信技术和计算机技术，传感器技术完成信息的采集，传感器是工业控制系统的"电五官"，在工业控制系统中占据了非常重要的地位，传感器的研究和开发已成为当今世界各个国家研究的热点领域之一。随着新材料、微电子技术、通信和网络技术的发展，传感器在越来越多的领域得到应用，并出现了集成化、智能化、网络化发展的趋势。

当今世界科技飞速发展，人们在生产活动中要从外界及时、准确地获取信息，就必须合理地选择各种传感器和应用检测技术，因此传感器技术越来越受到人们的重视。

全书共分9章，第1章介绍检测技术相关知识；第2章是传感器基本知识，介绍传感器的作用和地位，传感器的定义、组成、分类，传感器的静态特性指标和动态特性指标，传感器常用的测量电路及传感器的发展趋势；第3章至第9章介绍电阻应变式、电容式、电感式、压电式、热电式、霍尔式及光电式等传感器的工作原理、测量电路和应用。

本书在编写上力求简而精，突出重点和要点，既保持了知识的系统性，又通俗易懂。

本书可以作为高等院校传感器技术课程的教材，也可作为从事传感器研究及检测技术的工程技术人员参考使用。

本书由吉林师范大学周福恩、卢微任主编，张刚任副主编，周福恩编写第1、4、5、6、9章，卢微编写第2、3、7、8章，张刚负责资料收集和整理工作，全书由周福恩统稿。

传感器技术发展较快，由于编者水平有限，加之时间仓促，本书内容难免存在遗漏和不妥之处，敬请读者批评指正，希望本书能够对从事和研究传感器及检测技术的读者有所帮助。

编　者

2023 年 5 月

目 录

第 1 章　检测技术基础

1.1　检测技术概述

1.1.1　检测定义

检测（detection）是人类认识和改造物质世界的重要手段，是人类日常生活、科学研究、工农业生产、军事等领域必不可少的过程。检测是指对一些参量或物理量进行定性检查和定量测量，从而获得必要的信息。一般来说，检测是利用各种物理、化学效应，选择合适的方法与装置，将生产、科研、生活等各方面的有关信息通过检查与测量的方法，赋予定性或定量结果的过程。检测主要包括检验和测量两方面的含义。

检测分为非电量检测和电量检测两类。因为要测量的参数大多数为非电量，所以要开发使用电测的方法测量非电量的设备。

1.1.2　检测技术定义

检测技术是指利用各种传感器，将生产、科研中需要的电量和非电量信息转化成为易于测量、传输、显示和处理的电信号的过程所采取的技术和措施。检测技术是以研究自动检测系统中的信息提取、信息转换及信息处理的理论和技术为主要内容的一门应用技术学科，是人们为了对被测对象所包含的信息进行定性的了解和定量的掌握所采取的一系列技术措施。

检测技术的任务是寻找与自然信息具有对应关系的各种表现形式的信号，以及确定二者之间的定性、定量关系。它是从反映某一信息的多种信号中选择出在所处条件下最为合适的表现形式及寻求最佳的采集、变换、处理、传输、存储、显示的方法和相应的设备。传感器技术和误差理论是检测技术的主要研究内容之一。

1.1.3　检测技术的地位和作用

检测技术是信息技术的基础技术之一，是进行各种科学实验研究和生产过程参数测量必不可少的手段。

检测技术作为信息科学的一个重要分支，与计算机技术、自动控制技术和通信技术等一起构成了信息技术的完整学科。

检测技术是科技领域的重要组成部分，科技发展与检测技术息息相关。

检测技术在国民经济中的地位和作用极其重要，例如在以下方面的应用：

（1）在楼宇控制与安全防护中的应用。楼宇自动化系统可以实现安全检测、电源管理、照明控制、空调控制、停车管理和电梯监控管理。

（2）在高速公路监控中的应用。可以检测车辆行驶的速度。

（3）在智能家居中的应用。自动检测并调节控制房间温度、湿度的空调机，使房间有适宜的温度和湿度。

检测技术是所有科学技术的基础，现代工程装备中检测环节的成本已经达到整个装备系统总成本的 50%～70%。检测手段在很大程度上决定了科学技术的发展水平。因此，检测技术具有如下的地位和作用：

（1）检测技术是自动化和信息化的基础和前提。离开检测技术，自动化将无法实现。

（2）检测技术是生产、生活等领域具有很大发展前途的技术，在国民经济中起着举足轻重的作用。因此，许多国家都在加大投入研究检测技术以便解决信息处理功能发达、检测功能不足的局面，检测技术在国民经济中的地位日益提高。

（3）检测技术也是自动化系统中不可缺少的重要组成部分。检测技术的完善和发展推动着现代科学技术的进步。检测技术几乎渗透到人类的一切活动领域，发挥着越来越大的作用。

1.1.4 检测技术的发展趋势

检测技术的完善和发展推动着现代科学技术的进步。

（1）提高检测系统的测量范围、测量精度及可靠性。人们对检测系统的测量范围、测量精度要求不断提高，需要将微电子技术、计算机技术、现场总线技术与仪器仪表和传感器相结合，构成新一代智能化检测系统，使测量范围、测量精度及可靠性进一步提高。

（2）开发新型传感器。不断发现新原理，研制新材料和发明新工艺，产生更多的新型传感器。例如，光纤传感器、液晶传感器、以高分子有机材料为敏感元件的压敏传感器、微生物传感器等，从而不断扩大检测领域。

（3）利用计算机使检测智能化。采用计算机技术，充分发挥计算机的强大功能，以计算机为核心进行参数测量与数据处理，使测量、分析、处理等向自动化、集成化、网络化发展。

（4）发展智能传感器。作为检测系统的重要组成部分，传感器的性能很大程度上决定了检测系统获取信息的质量。智能型传感器不但具有微处理器，还兼有检测和信息处理功能，它被称为第四代传感器，使传感器具备感觉、辨别、判断、自诊断等功能，是传统的传感器无法比拟的。因此，智能传感器是传感器发展的主要方向。

（5）采用虚拟仪器技术，节省硬件资源。应用图形化编程语言 LabVIEW 等虚拟仪器软件，用户可以定义自己的仪器，创建仪器的软面板，组成检测系统，即软件就是仪器，从而节省了硬件成本。

1.2　检测系统的组成

检测系统是传感器与测量仪表、变换装置等的有机结合。一个完整的检测控制系统通常由传感器、测量转换电路、显示与记录装置、数据处理装置等部分组成，检测系统组成框图如图 1.1 所示。

图 1.1　检测系统组成框图

1.2.1　传感器

传感器是感知、获取与检测信息的窗口，获取的信息都要通过传感器转换为易于传输和处理的电信号。

传感器的功能是把被测量转换成电学量，是实现自动检测和自动控制的首要环节，是检测系统非常重要的部分。

传感器作为信息获取与信息转换的重要手段，没有传感器就没有现代科学技术。传感器是获取信息的主要途径。

传感器通常是把一些物理量的变化转换成电阻的变化、电压的变化或电流的变化，变化量需要经过转换电路和放大电路转换成处理器或控制系统可以接收的信号。

1.2.2　测量转换电路

为了把传感器输出的信号转换成易于处理和显示的电信号，需要使用测量转换电路进行信号放大、调制解调、阻抗匹配、线性化补偿等加工处理，原始信号经该环节处理之后，便于输送、显示、记录以及做进一步后续处理。

1.2.3　显示与记录装置

信号显示、记录环节是将来自信号处理环节的信号以观察者易于观察的形式来显示并存储测试的结果。

显示的方式常用的有模拟显示、数字显示及图像显示。模拟显示就是利用指针在标尺上的相对位置来表示。数字显示实际上是利用数字电压表、数字电流表或数字频率计来显示结果。图像显示是使用屏幕显示读数或被测参数变化的曲线。

1.2.4　数据处理装置

为便于对动态过程做更深入了解，可采用频谱分析仪、波形分析仪、实时信号分析仪、快速傅里叶变换仪等对测得的信号进行分析、计算和处理。

1.3　测量误差

1.3.1　测量误差定义

测量是检测技术的重要组成部分，是以确定被测量值为目的的一系列操作。由于实验方法、实验设备发展的局限性，以及周围环境、人为因素的影响，使得测得的数值和真值之间总存在一定的差异，在数值上表现为误差。

实际上，无论测量方法多么完美、测量装置多么精确，测量结果都会存在误差。因此，需要对测量结果进行数据处理与误差分析，以得到科学的测量结果。测量的结果不但要确定被测量的大小，而且要说明其误差的大小，给出可信度。

随着科技水平的不断进步和人类认识水平的提高，测量误差被控制得越来越小，但始终不能完全消除。也就是说，测量误差是客观存在的。

测量误差是指测量值与被测量的真值之间的差异。真值是指在一定的时间及空间（位置或状态）条件下，被测量本身所具有的真实大小。由于被测量的定义和测量都不可能完善，所以真值只是一个理想的概念。

1.3.2　绝对误差和相对误差

为了便于对测量误差进行分析和处理，按误差的表示方法，可分为绝对误差和相对误差。

1. 绝对误差

绝对误差是指被测量的测量值与被测量的真值之间的差值，记作 Δx。如果 $x > X_0$ 即 $\Delta x > 0$，为正误差；反之，为负误差。

$$\Delta x = x - X_0 \qquad\qquad (1-1)$$

式中　x——测量值；

　　　X_0——真值，是由高精度标准器所测得的示值；

　　　Δx——绝对误差，可正可负，单位与被测量的单位相同。

绝对误差表明了测量值偏离真值的大小，绝对误差虽然可以说明测量结果偏离实际值的情况，但不能确切反映测量的准确程度，不能很好地说明测量质量的好坏。

2. 相对误差

一个量的准确程度，不仅与它的绝对误差的大小有关，还与这个量本身的大小有关。

相对误差是指测量值的绝对误差 Δx 与被测量的真值 X_0 的比值的百分数，即

$$\delta = \frac{\Delta x}{X_0} \times 100\% = \frac{x - X_0}{X_0} \times 100\% \qquad\qquad (1-2)$$

相对误差只有大小和符号，没有单位。与绝对误差相比，相对误差更能说明测量的精确程度。

1.3.3　系统误差、随机误差和粗大误差

按照误差出现的规律，测量误差分为系统误差、随机误差和粗大误差。

1.3.3.1　系统误差

1. 定义

系统误差是指在相同条件下，多次测量同一物理量时，误差的大小和符号保持恒定，或在条件改变时按某种确定规律而变化的误差。所以，凡是误差的数值固定或按一定规律变化，都属于系统误差。

系统误差表明了测量结果偏离真值的程度。系统误差越小，测量结果的准确度越高。

2. 分类

系统误差按误差出现的规律分为恒定系统误差和变值系统误差。

恒定系统误差是指在整个测量过程之中，误差的大小和符号始终保持不变的系统误差，恒定系统误差不随时间的变化而变化。

变值系统误差是指在整个测量过程之中，误差的大小和符号按某一确定规律变化的系统误差。变值系统误差分为线性变化的系统误差、周期性变化的系统误差和复杂规律变化的系统误差。

（1）线性变化的系统误差。线性变化的系统误差是指在整个测量过程中，误差的大小随着时间或其他有关因素的变化而线性递增或线性递减的系统误差。例如，随着时间的推移，温度在逐渐均匀变化，由于工件的热膨胀，长度随着温度而变化，所以在一系列测得值中就存在着随时间而变化的线性系统误差。

（2）周期性变化的系统误差。周期性变化的系统误差是指在整个测量过程中，误差随着测得值或时间的变化呈周期性变化的系统误差。例如，百分表的指针回转中心与刻度盘中心有偏心，指针在任一转角位置的误差按正弦规律变化。

（3）复杂规律变化的系统误差。复杂规律变化的系统误差是指在整个测量过程中，误差按复杂函数变化或按实验得到的曲线变化的系统误差。例如，由线性变化的误差与周期性变化的误差叠加形成复杂函数变化的误差。

变值系统误差分类如图 1.2 所示。

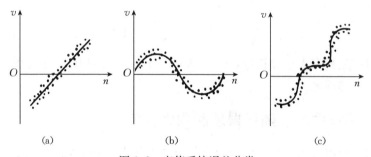

（a）　　　　　　　　　（b）　　　　　　　　　（c）

图 1.2　变值系统误差分类

（a）线性变化的系统误差　（b）周期性变化的系统误差　（c）复杂规律变化的系统误差

3. 产生原因

（1）测量仪器的制造或安装、调整及使用不当引起。例如，测量仪表没有预先进行校准就使用它进行测量。

（2）测量现场环境因素引起。例如，测量现场温度、湿度发生变化而影响测量结果。

（3）测量方法不正确、测量所依据的理论本身不完善引起。例如，使用大惯性仪表测量脉动气流的压力，则测量结果不可能是气流的实际压力。

（4）测量人员因素引起。例如，测量人员不良的读数习惯。

4. 处理方法

系统误差产生的原因和变化规律一般可通过实验和分析查出。所以，可通过重新调整测量仪表的有关部件予以消除，或者通过实验的方法以及引入修正值的方法进行修正。

应该从产生误差根源上消除系统误差，具体措施如下：

（1）测量前，调整好仪器并选择合适的测量方法，保证测量时的温湿度等环境条件。

（2）通过对测量结果进行修正，减小无法消除的系统误差因素对测量结果的影响。

系统误差虽然具有规律性，但是实际处理起来比随机误差困难。所以，只有不断提高测量人员的工作经验和实验操作技巧，才能更好地处理系统误差。

1.3.3.2　随机误差

1. 定义

在相同测量条件下，多次重复测量同一被测物理量时，每次测量值时大时小，误差的绝对值及正、负以不可预知的方式随机变化，这种误差称为随机误差，也称为偶然误差。随机误差反映了测量值离散性的大小。随机误差是测量过程中许多独立的、微小的、偶然的因素引起的综合结果。

对于存在随机误差的测量结果中，单个测量值误差的出现是随机的，大小方向是不可预知的，而且不能用实验的方法消除，也不能修正。但就整体而言，通常随机误差都服从正态分布规律。

2. 产生原因

随机误差由多种因素产生，如噪声干扰、电磁场微变、温度的波动、空气扰动、测量力不稳定，以及测量装置中零件的摩擦和配合间隙、构件间的摩擦变形、电路中噪声电压等互不相关的大量因素共同造成的。

3. 减少随机误差的方法

（1）加强操作人员对仪器的操作熟练程度：读数越快，仪器的变动越小，精度越高。

（2）选用精度更高、稳定性更好的仪器。

（3）选择合适的观测时间，让仪器受光照和温度影响而带来的热胀冷缩更小。

（4）多次测量，取平均值。

1.3.3.3　粗大误差

1. 定义

在一定条件下，明显偏离真值的误差称为粗大误差，也称为过失误差。含有粗大误差的测量值称为坏值或异常值。粗大误差通常比较大，而且没有规律性。在数据处理时，当发现粗大误差时，必须从测量结果中剔除。粗大误差产生的原因主要是人为因素及电子测量仪器受到突然而强大的干扰造成的。

2. 产生原因

（1）测量人员的粗心大意，如测错、读错、记错等。

（2）测量环境条件的突然变化，如电源电压尖峰干扰、雷电干扰、机械冲击、振动等引起示值的改变。

3. 判断准则

判别粗大误差可以采用 3σ 准则，即如果一组测量数据中某个测量值的残余误差的绝对值 $|v_i| > 3\sigma$，则该测量值为坏值，应从测量数据中剔除，σ 为该组测量数据的标准差。

1.4　测量结果的评定

可以通过对准确度、精密度和精确度 3 个方面的分析来判断测量结果是否满足要求。

1. 准确度

准确度用来说明测量结果偏离真值大小的程度，表示测量结果中系统误差的大小。系统误差越小，准确度越高，即测量值与实际值符合的程度越高。

2. 精密度

精密度是指在同一条件下对某定值做多次测量时，测量值分散的程度。

精密度表示测量结果中随机误差的大小程度。随机误差越小，测量值越集中，表示精密度越高。

3. 精确度

精确度是反映测量结果与真值接近程度的量，是测量结果系统误差与随机误差的综合，表示测量结果与真值的一致程度。

精确度用来反映系统误差和随机误差的综合影响。精确度越高，表示准确度和精密度都高，意味着系统误差和随机误差都小。

本　章　小　结

检测是人类认识和改造物质世界的重要手段，检测分为非电量检测和电量检测两类。检测技术是指利用各种传感器，将生产、科研中需要的电量和非电量信息转化成为易于测量、传输、显示和处理的电信号的过程所采取的技术和措施。检测技术是信息技术的基础技术之一，是进行各种科学实验研究和生产过程参数测量必不可少的手段。一个完整的检测控制系统通常由传感器、测量转换电路、显示与记录装置、数据处理装置等部分组成。传感器是获取信息的主要途径。实际上，无论测量方法多么完美、测量装置多么精确，测量结果都会存在误差。因此，需要对测量结果进行数据处理与误差分析，才能得到科学的测量结果。误差分为绝对误差和相对误差。按照误差出现的规律，测量误差分为系统误差、随机误差和粗大误差。可以通过对准确度、精密度和精确度3个方面的分析来判断测量结果是否满足要求。精确度是反映测量结果与真值接近程度的量，是测量结果系统误差与随机误差的综合，表示测量结果与真值的一致程度。

本章主要介绍了检测技术的相关概念、检测技术的地位和作用、检测技术的发展趋势、检测系统的组成，还介绍了误差理论及误差处理方法、测量结果的评定等内容。本章的内容理论性较强，要充分理解各专业名词术语和有关概念。

思 考 题 与 习 题

1. 检测的定义是什么？
2. 检测系统由哪几部分组成？说明各部分的作用。
3. 什么是检测技术？
4. 简述检测技术在国民经济中的地位和作用。
5. 简述检测技术的发展趋势。
6. 什么是测量误差？
7. 什么是测量值的绝对误差？
8. 什么是测量值的相对误差？
9. 什么是真值？
10. 什么是系统误差？
11. 系统误差按误差出现的规律分为哪几种？
12. 系统误差产生的原因有哪些？
13. 什么是随机误差？
14. 随机误差产生的原因有哪些？
15. 什么是粗大误差？
16. 粗大误差产生的原因有哪些？
17. 什么是准确度？
18. 什么是精密度？
19. 什么是精确度？

第 2 章　传感器基本知识

2.1　传感器的作用和地位

当前，新技术浪潮不断涌现，世界正快速进入信息时代。要使用信息，首先要面对的是如何获得准确可靠的信息，而传感器恰恰是获取各领域信息的主要途径和重要手段。传感器可以将待测的各种非电量，如角度、位移、速度、压力、温度、湿度、声强、光照度等物理量转换成电压、电流等电学量。传感器获得信息的正确与否，关系到整个检测系统的精度，因而在非电量检测系统中占有重要的地位。可以说，没有传感器就没有现代科学技术的迅速发展。

传感检测技术是一种随着现代科学技术的进步而迅猛发展的技术，是机电一体化系统不可缺少的关键技术之一，传感器具有信息获取、信息转换、信息传递及信息处理等功能。传感器不但是智能仪器、互联网、人工智能等领域非常重要的基础应用硬件，而且在人们的生活中也有广泛的应用。传感器应用的例子举不胜举，例如，宾馆的玻璃大门好像长着眼睛，客人来了就自动打开，客人进入之后又自动关上；当洗完手以后，只要把手靠近烘手机，热风马上就会产生，当烘干手离开，烘手机又自动关闭；广泛应用的节能路灯，天黑的时候就会自动点亮路灯，早晨太阳升起时就会自动熄灭。这些设备为什么不用人直接干预就能自动控制呢？是因为在这些设备里面都安装了传感器。

当今，传感器门类品种繁多。在自动控制系统里，传感器的作用相当于人的眼睛、鼻子、耳朵和皮肤，所以称它为电五官。传感器非常灵敏，一旦有感应就会把感受到的非电量信号转换成电信号。例如，用来检测湿度的传感器即湿度控制仪，假定设定的初始湿度为 65%，如果湿度大于设定值，则加湿器就停止工作；当湿度低于设定值时湿度控制仪又产生水蒸气，这样使湿度始终保持在设定值。例如，电子秤把压力信号转变成电信号，经过对电信号的处理之后显示出重物的质量；手机上的指纹解锁就是压力被传感器转换为电信号，手机上的芯片将接收到的电信号进行处理之后下达指令使手机解锁。很多传感器用在工业界的测量和自动控制领域。例如，为检测汽车排出废气的含氧量，可以在汽车中安装陶瓷传感器，以合理控制氧气的供给。在工厂中为自动控制大型锅炉的氧气和燃料的供给量，安装了氧气传感器，起到了节约燃料、防止大气污染的作用。可以说，许多物理量的变化都可以用传感器测量出来，传感器是人们认识物质极其可靠的测试仪器。

传感器技术、计算机技术和通信技术并称现代信息技术的三大支柱，其应用范围遍布国民经济、国防、科研等诸多领域，是国民经济基础性、战略性产业之一。科学技术的发展与传感器有着密切的关系，科学技术上的每一个发现与进步，都离不开传感器与检测技术的保证。

传感器是检测系统发展的产物，而检测系统则是伴随着人类社会的进步而发展起来的。早期检测依赖的是机械构造，伴随着人类社会的不断发展，对检测的要求也越来越高。近代电子技术的出现使检测系统进入传感器的时代，传感器技术成为衡量一个国家综合国力强弱的一个重要指标。当前，传感器技术的发展正处于向新型传感器发展的关键阶段，传感器更新换代快，需求量大，需求增长快。我国传感器水平与国外发达国家相比有较大的差距，国内传感器的发展落后于需求的增加，导致大部分市场被国外产品占领。面对国际市场的激烈竞争，我国传感器行业处于极其不利的地位，在某些领域出现了生存危机。

由于传感器在生产和生活中占有极其重要的地位，传感器技术是信息技术的基础与支柱，因此，当今各个国家都非常重视传感器的研究，都在大力发展传感器技术。美国将"传感器及信号处理"列为对国家安全和经济发展有重要影响的关键技术之一。

西欧各国在制定的"尤里卡"发展计划中，把传感器技术作为优先发展的重点技术。

日本科学技术厅把传感器技术列为计算机、通信、激光、半导体、超导和传感器六大核心技术之一。并且，日本还在 21 世纪技术预测中将传感器列为首位，可见其对传感器的重视程度。

我国政府在"863 计划"及重点科技攻关项目中，均把传感器列在重要位置。因此，工业和信息化部明确指出，将重点围绕敏感元件和传感器等开发新型元器件技术，同时工业和信息化部对于传感器产业化发展将提供政策支持。

传感器技术在诸多领域都得到了广泛的应用，在现代工农业生产、环境监测、医疗诊断、航空航天、智能楼宇以及军事、国防等诸多领域，都需要使用各种传感器来监测诸多参量，以保证设备工作在最佳状态。传感器在生产和生活中无处不在，当今任一个领域都离不开传感器，传感器已经是构建现代信息系统的重要组成部分。没有传感器就不能实现信息获取，就谈不上信息的处理，更不能控制。可以说，传感器是整个信息产业的源头，是信息社会赖以存在和发展的基础。

2.2 传感器的基本概念

2.2.1 传感器的定义

对传感器（sensor/transducer）的通常定义是：能感受规定的被测量并按照一定规律转换成可用输出信号的器件或装置。传感器又称为变送器，可以用来实现信息的传输、处理、存储、显示、记录和控制等。

由定义可知，传感器有两个作用，即感受信息和传输信息。信息可以是温度、光线、超声波、压力等信号。

2.2.2 传感器的组成

传感器组成框图如图2.1所示，它主要由敏感元件、转换元件、调理及转换电路和辅助电源（可选）等组成。

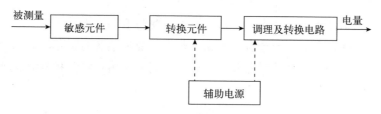

图 2.1　传感器组成框图

传感器各个组成部分的功能如下：

（1）敏感元件作为传感器的第一个组成部分，与被测量距离最近，是能够直接感受被测量的元件。其作用是感受被测量获取信息，并输出与被测量成确定关系的某一物理量信号。例如，由热电阻式热电传感器中的热电阻将温度的变化转换为电阻的变化。

（2）转换元件能接收来自敏感元件的输出信号并把其直接转换成电路参数量。也就是说，作为传感器的第二个组成部分，转换元件可将敏感元件输出的物理量信号转换为电压信号或电流信号。

（3）调理及转换电路是能把转换元件输出的电信号进行一定的预处理，从而转换成易于传输、显示、记录的信号的电路。由于前面部分得到的信号一般比较微弱，不便于信号的传输和显示，因此调理及转换电路作为传感器的第三个组成部分，其作用通常是对转换元件输出的电信号进行放大、滤波、整形等处理。

（4）辅助电源部分，通常包括直、交流供电系统，有些传感器需要外加电源为转换元件和调理及转换电路提供电能，而有些传感器则不需要外加电源提供电能。

2.2.3　传感器的符号

传感器的一般符号是由等边三角形和正方形构成的，传感器符号中的正方形的轮廓符号表示转换元件，三角形轮廓符号表示敏感元件。

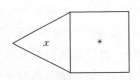

图 2.2　传感器的一般符号

注：x 表示的是传感器的被测量符号。* 表示的是传感器的转换原理。

表示转换原理的限定符号写在传感器一般符号的正方形内部，表示被测量的限定符号写入三角形内部，如图 2.2 所示。

下面是几个比较典型的传感器的图形符号，如图 2.3 所示。

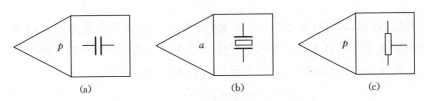

图 2.3　常见传感器的图形符号

（a）电容式压力传感器　（b）压电式加速度传感器　（c）电位器式压力传感器

2.2.4　传感器的分类

传感器是将一种形式的能量转换成另一种形式能量的电子设备。所以，一般来说，这些电子设备可以处理电能、光能、热能、声能、化学能、电磁能、机械能等不同类型的能量。例如，在日常生活中，人们使用的话筒、手机中的麦克风，就是把声音转换成电信号，然后对其进行放大，经扬声器的 OP（运算放大器）将电信号转换为音频信号。

在电器和电子项目中，也使用不同种类的传感器，有加速度传感器、压力传感器、温度传感器、超声波传感器等多种类型。传感器的分类方式有很多种，具体如下：

（1）按照传感器的物理原理可分为电参量传感器（如电感式、电阻式、电容式等传感器）、磁电式传感器（如霍尔式、磁栅式等传感器）、光电式传感器、压电式传感器等。这类传感器通常基于压电、光电、热电、磁电等物理效应。

（2）按照被测物理量可分为压力、位移、速度、加速度、温度、角度等传感器。

（3）按照能量转换情况分类。

① 能量转换型传感器。在信息变换过程中，这类传感器能将非电量直接转换为电信号，不需要外电源供给，如压电式、光电式（如光电池）等传感器。

② 能量控制型传感器。在信息变换过程中，这类传感器不起能量转换的作用，必须有辅助电源供给能量，如电阻式、电感式、电容式等传感器。

（4）按照传感器输出信号的形式分类。

① 模拟式传感器。传感器输出为模拟量。

② 数字式传感器。传感器输出为数字量，如编码器式传感器。

2.3 传感器的基本特性

传感器的基本特性是指传感器的输出-输入关系特性，是传感器的内部结构参数作用关系的外部特性表现。把传感器作为二端网络研究时，输出输入特性是二端网络的外部特性，即输出量和输入量的对应关系，可表示为

$$y = f(x) \tag{2-1}$$

传感器所表现出来的输出输入特性包括静态特性和动态特性。

2.3.1 传感器的静态特性

传感器的静态特性是指当传感器在被测量处于稳定状态下的输出-输入关系，即当被测量不随时间变化或变化很慢时，传感器的输出-输入关系。

通常传感器的输出-输入关系或多或少地存在非线性，所以，在不考虑蠕变、迟滞、不稳定等因素的情况下，传感器静态特性可表示为

$$y = a_0 + a_1 x + a_2 x^2 + \cdots + a_n x^n \tag{2-2}$$

式中　x——输入量；

　　　y——输出量；

　　　a_0——输入量 x 为零时的输出量；

　　　a_1——传感器的线性灵敏度；

a_2，$\cdots$，a_n——非线性项系数。

传感器的静态特性指标包括很多个，重要的有线性度、稳定性、灵敏度、重复性等。

1. 线性度

理想的传感器输出与输入之间是线性关系，但实际的传感器在量程范围内，严格来说，输出与输入总是存在一定的非线性。传感器的线性度是指传感器的输出与输入之间数量关系的线性程度，是表征传感器输出输入校准曲线与所选定的拟合直线之间的偏离程度，一般用相对误差表示，如图 2.4 所示。

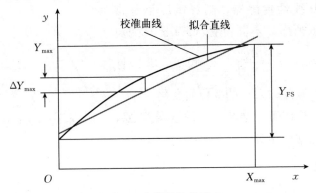

图 2.4　传感器的线性度

传感器的线性度（非线性误差）用公式表示为

$$\delta_L = \pm \frac{\Delta Y_{max}}{Y_{FS}} \times 100\% \qquad (2-3)$$

式中　δ_L——传感器的线性度（非线性误差）；

ΔY_{max}——校准曲线与拟合直线间的最大偏差；

Y_{FS}——满量程输出值。

可见，传感器的线性度与所选定的拟合直线有关，拟合直线不同，计算得到的线性度也不同。所以，拟合直线的选择原则是既能反映实际曲线的趋势，又能使非线性误差的绝对值最小。另外，还应考虑使用是否方便，计算是否简便。最小二乘拟合是最常用拟合方法。

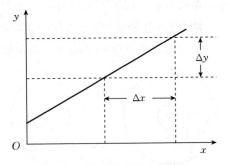

图 2.5　线性传感器的灵敏度

2. 灵敏度

传感器的灵敏度是指传感器处于稳定工作状态时，输出变化量与引起此变化的输入变化量之比，如图 2.5 所示。用公式表示为

$$k = \frac{\mathrm{d}y}{\mathrm{d}x} = \frac{\mathrm{d}f(x)}{\mathrm{d}x} = f'(x) \qquad (2-4)$$

灵敏度表示单位输入量的变化所引起传感器输出量的变化，灵敏度值越大，表示传感器越灵敏。

如果是线性传感器，那么静态特性直线的斜率就是传感器的灵敏度，即 $k=\dfrac{\Delta y}{\Delta x}$。

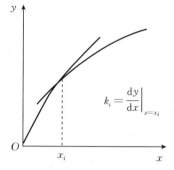

如果是非线性传感器，则灵敏度不是常数，如图 2.6 所示。不同位置（$x=x_i$）的灵敏度可以表示为 $k_i=\dfrac{\mathrm{d}y}{\mathrm{d}x}\Big|_{x=x_i}$。可见，非线性传感器的灵敏度随输入 x 的变化而变化。

图 2.6 非线性传感器的灵敏度

由于某种原因可能会产生灵敏度误差 Δk，灵敏度误差通常用相对误差表示：

$$\gamma_S=\frac{\Delta k}{k}\times100\%\qquad(2-5)$$

若检测系统是由灵敏度不同的多个相互独立的环节串联而成，则该检测系统的总灵敏度 K 为各组成环节的灵敏度的乘积。即

$$K=k_1k_2k_3\cdots k_n\qquad(2-6)$$

3. 精度

精度的评价指标有 3 个：准确度、精密度和精确度。

准确度用来说明传感器输出值与真值的偏离程度，反映系统误差的影响程度。注意：准确度高，不一定精密度高。

精密度用来说明测量传感器输出值的分散性，精密度是随机误差大小的标志，精密度高，说明随机误差小。注意：精密度高，不一定精确度高。

精确度是精密度与准确度两者的综合优良程度，一切测量要求既精密又准确。

准确度、精密度和精确度示意图如图 2.7 所示。

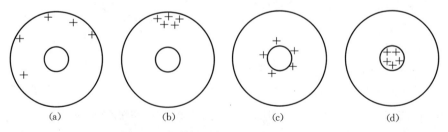

图 2.7 准确度、精密度和精确度示意图

（a）精密度低，准确度低 （b）精密度高，准确度低

（c）准确度高，精密度低 （d）精确度高

在工程应用中，为了简单表示测量结果的可靠程度，引入精度等级概念，用 A 表示。传感器和测量仪表的精度等级 A 按一系列标准百分数值进行分档。该数值是指传感器和测量仪表在规定的条件下允许的最大绝对误差值相对于其测量范围的百分数，即

$$A=\frac{\Delta A}{Y_{FS}}\times 100\%\tag{2-7}$$

式中　A——传感器的精度等级；

　　　ΔA——测量范围内允许的最大绝对误差；

　　　Y_{FS}——满量程输出。

4. 分辨力和阈值

分辨力是用来描述传感器在规定测量范围内能够感受到的被测量最小变化的能力。有些传感器，当输入量连续变化时，输出量只作阶梯变化，则分辨力就是输出量的每个"阶梯"所代表的输入量的大小。

分辨力相对满量程输入值的百分数称为分辨率。

阈值是指当一个传感器的输入从零开始缓慢增加时，在达到某一最小值后输出发生可观测的变化，这个最小值称为传感器的阈值。

传感器能检测出的被测量的最小变化值一般相当于噪声电平的若干倍，可以表示为

$$M=\frac{CN}{k}\tag{2-8}$$

式中　M——被测量最小变化值；

　　　C——系数，一般取 $1\sim 5$；

　　　N——噪声电平；

　　　k——传感器的灵敏度。

如果因为传感器的输入的变化量太小而被传感器内部噪声淹没，那么将反映不到输出。

5. 迟滞

迟滞是指在相同的工作条件下，传感器在输入量由小到大的正行程和输入量由大到小的反行程期间输入输出特性曲线不重合的现象，如图 2.8 所示。

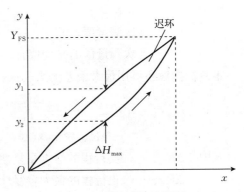

图 2.8　传感器的迟滞特性

通常用迟滞误差来表示迟滞的程度，迟滞误差又称为回程误差或变差，迟滞误差可表示为

$$\delta_H = \pm \frac{\Delta H_{max}}{Y_{FS}} \times 100\%$$ (2-9)

式中　ΔH_{max}——正反行程间输出的最大差值；

Y_{FS}——满量程输出值。

产生迟滞现象的根本原因是传感器敏感元件弹性滞后，运动部件间有摩擦，传动机构间有间隙，紧固件松动，以及材料的物理性质和机械零部件存在缺陷。

6. 重复性

重复性是指在同一条件下，传感器在按同一方向输入且在全量程范围进行多次测量时，所得的特性曲线不一致的程度，如图 2.9 所示，各条特性曲线越靠近表明重复性越好。重复性误差可用式（2-10）来计算：

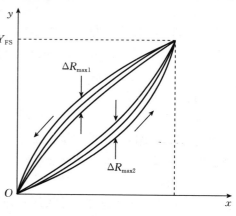

图 2.9　传感器的重复特性

$$\delta_R = \pm \frac{(2\sim3)\sigma_{max}}{Y_{FS}} \times 100\%$$ (2-10)

式中　σ_{max}——全部校准点正行程和反行程输出值的标准偏差中的最大值。

如果误差服从高斯分布，标准偏差可按式（2-11）计算得到：

$$\sigma = \sqrt{\frac{1}{n-1}\sum_{i=1}^{n}(y_i - \bar{y})^2}$$ (2-11)

式中　n——测量次数；

y_i——某次测量值；

$\bar{y}$——各次测量值的平均值。

重复性指标还可用最大偏差值来表示：

$$\delta_R = \pm \frac{\Delta R_{max}}{Y_{FS}} \times 100\%$$ (2-12)

$$\Delta R_{max} = \max(\Delta R_{max1},\ \Delta R_{max2})$$

式中　ΔR_{max1}——反行程的最大重复性偏差；

ΔR_{max2}——正行程的最大重复性偏差；

Y_{FS}——满量程输出值。

7. 稳定性

稳定性表示传感器在较长时间内保持其性能参数的能力。所以，又称为长期稳定性。

稳定性误差可采用绝对误差或相对误差表示。表示方式如：__个月不超过 __％满量程输出。有时也采用给出标定的有效期来表示。

敏感元件或构成传感器的部件，其特性会随时间发生变化，从而影响了传感器的稳定性。

8. 漂移

漂移是指传感器在输入量不变的情况下，输出量随时间变化的现象。漂移包括零点漂移和灵敏度漂移。零点漂移和灵敏度漂移又可分为时间漂移和温度漂移。

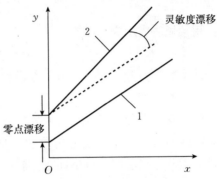

时间漂移是指在规定的条件下，零点或灵敏度随时间缓慢变化；温度漂移是指当环境温度变化时所引起的零点或灵敏度的变化，传感器的漂移如图 2.10 所示。

图 2.10　传感器的漂移

传感器的零点漂移（简称零漂）可表示为

$$零漂 = \frac{\Delta Y_0}{Y_{FS}} \times 100\% \qquad (2-13)$$

式中　ΔY_0——最大零点偏差；

　　　Y_{FS}——满量程输出。

传感器的温度漂移（简称温漂）可表示为

$$温漂 = \frac{\Delta Y_{max}}{Y_{FS} \cdot \Delta T} \times 100\% \qquad (2-14)$$

式中　ΔY_{max}——输出的最大偏差；

　　　ΔT——温度变化范围；

　　　Y_{FS}——满量程输出。

传感器的漂移产生的原因如下：

（1）传感器自身结构参数的变化。

（2）测试过程中周围环境对输出的影响。

2.3.2　传感器的动态特性

传感器的输出不仅与输入有关，还与时间或频率有关。

传感器的动态特性是指传感器对随时间变化的输入量的响应特性，反映输出值真实再现变化着的输入量的能力。

除理想状态外，多数传感器的输入信号是随时间变化的，输出信号可能会出现增益或者相位变化。这种输出与输入之间的差异就是动态误差。

传感器的动态特性是通过传感器输出对时间变化的输入量的响应来反映的。被测量是时间或频率的函数。

用时域法表示为

$$y(t)=f[x(t)] \tag{2-15}$$

用频域法表示为

$$Y(j\omega)=f[X(j\omega)] \tag{2-16}$$

动态数学模型一般采用微分方程和传递函数描述。

1. 数学模型

（1）微分方程。线性系统的数学模型是常系数线性微分方程。对线性系统动态特性的研究，主要是分析数学模型的输出量 y 与输入量 x 之间的关系，通过对微分方程求解，得出动态性能指标。

对于线性定常（时间不变）系统，其数学模型为高阶常系数线性微分方程。

虽然传感器的种类和形式很多，但它们的动态特性一般都可以用如下的微分方程来描述：

$$a_n\frac{d^ny}{dt^n}+a_{n-1}\frac{d^{n-1}y}{dt^{n-1}}+\cdots+a_1\frac{dy}{dt}+a_0y=b_m\frac{d^mx}{dt^m}+b_{m-1}\frac{d^{m-1}x}{dt^{m-1}}+\cdots+b_1\frac{dx}{dt}+b_0x \tag{2-17}$$

式中　t——时间；

　　　x——输入；

　　　y——输出；

　　a_i、b_i——与传感器的结构特性有关的常系数。

通过对微分方程求解，即可得到动态响应及动态性能指标。

绝大多数传感器输出与输入的关系可用零阶、一阶或典型二阶微分方程来描述。

① 零阶传感器的数学模型。零阶传感器的系数只有 a_0、b_0，于是其数学模型可用微分方程表示为

$$y(t)=\frac{b_0}{a_0}x(t) \tag{2-18}$$

令 $k=\frac{b_0}{a_0}$，则有

$$y(t)=kx(t) \tag{2-19}$$

其中，k 称为静态灵敏度。

从上面公式可以得到零阶传感器的特点：

a. 零阶传感器的输出随时间跟踪输入的变化，它对任何频率输入均无时间滞后。

b. 零阶输入系统的输入量无论随时间如何变化，其输出量总是与输入量成确定的比例关系，与输入信号的频率无关，是理想的动态特性。

在传感器的实际应用中，许多高阶系统在变化缓慢、频率不高的情况下都可以近似地当作零阶系统处理。

② 一阶传感器的数学模型。一阶传感器的数学模型可用微分方程表示为

$$a_1 \frac{\mathrm{d}y(t)}{\mathrm{d}t} + a_0 y(t) = b_0 x(t) \qquad (2-20)$$

令 $\tau = \dfrac{a_1}{a_0}$，$k = \dfrac{b_0}{a_0}$，则式（2-20）可表示为

$$\tau \frac{\mathrm{d}y(t)}{\mathrm{d}t} + y(t) = kx(t) \qquad (2-21)$$

式中　　τ——时间常数；

$\qquad\quad$ k——静态灵敏度。

τ 和 k 仅取决于其结构参数。

如果传感器中含有单个储能元件，则在微分方程中出现 y 的一阶导数，就可以用一阶微分方程来表示。

③ 二阶传感器的数学模型。二阶传感器的数学模型可用微分方程表示为

$$a_2 \frac{\mathrm{d}^2 y(t)}{\mathrm{d}t^2} + a_1 \frac{\mathrm{d}y(t)}{\mathrm{d}t} + a_0 y(t) = b_0 x(t) \qquad (2-22)$$

令 $k = \dfrac{b_0}{a_0}$，$\xi = \dfrac{a_1}{2\sqrt{a_0 a_2}}$，$\omega_0 = \sqrt{\dfrac{a_0}{a_2}}$，则式（2-22）可表示为

$$\frac{1}{\omega_0^2} \frac{\mathrm{d}^2 y(t)}{\mathrm{d}t^2} + \frac{2\xi}{\omega_0} \frac{\mathrm{d}y(t)}{\mathrm{d}t} + y(t) = kx(t) \qquad (2-23)$$

式中　　k——静态灵敏度；

$\qquad\quad$ ξ——阻尼比；

$\qquad\quad$ ω_0——无阻尼系统固有频率。

（2）传递函数。传递函数用来描述输出与输入之间的关系。

当输入量 $x(t)$ 和输出量 $y(t)$ 及它们的各阶时间导数的初始值（$t=0$ 时的值）为零时，式（2-17）的拉式变换式为

$$(a_n s^n + a_{n-1} s^{n-1} + \cdots + a_1 s + a_0) Y(s) = (b_m s^m + b_{m-1} s^{m-1} + \cdots + b_1 s + b_0) X(s)$$

$$(2-24)$$

式中　s——拉普拉斯算子；

　　$X(s)$——初始条件为零时，传感器输入的拉普拉斯变换式；

　　$Y(s)$——初始条件为零时，传感器输出的拉普拉斯变换式。

式（2-24）整理后，得

$$H(s) = \frac{Y}{X}(s) = \frac{b_m s^m + b_{m-1} s^{m-1} + \cdots + b_1 s + b_0}{a_n s^n + a_{n-1} s^{n-1} + \cdots + a_1 s + a_0} \qquad (2-25)$$

式（2-25）最右边是一个与输入无关的表达式，只与系统结构参数有关。所以，在满足 $t \leqslant 0$、$y(t) = 0$ 的条件下，传递函数 $H(s)$ 描述传感器本身信息的特性，这样不必了解复杂系统的具体结构内容，只要给出一个激励 $x(t)$，得到系统对 $x(t)$ 的响应 $y(t)$，通过拉普拉斯变换就可以确定系统的传递函数 $H(s)$。

2. 动态响应及动态特性指标

动态特性除了与传感器的固有因素有关之外，还与传感器输入量的变化形式有关。也就是说，在研究传感器动态特性时，通常根据不同输入变化规律来考察。频域上采用频率响应法来研究系统稳态响应，时域上采用瞬态响应法来研究系统输出波形，用得较多的标准输入信号有阶跃信号和脉冲信号。

单位阶跃输入信号可表示为

$$f(t) = \begin{cases} 0, & t < 0 \\ 1, & t \geqslant 0 \end{cases}$$

其输出特性称为阶跃响应特性，对二阶环节，特性指标包括时间常数、延迟时间、上升时间、峰值时间、最大超调量、响应时间等。

3. 频率特性

（1）零阶传感器的传递函数和频率特性。零阶传感器的数学函数为

$$y(t) = \frac{b_0}{a_0} x(t) = k x(t) \qquad (2-26)$$

因此，零阶传感器的传递函数和频率特性为

$$H(D) = \frac{Y}{X}(D) = \frac{Y}{X}(s) = \frac{Y}{X}(j\omega) = \frac{b_0}{a_0} = k \qquad (2-27)$$

从上面公式可见，输入量无论随时间如何变化，零阶传感器的输出和输入成正比，与信号频率无关。因此，零阶传感器无幅值和相位失真问题，具有理想的动态特性。

（2）一阶传感器的传递函数和频率特性。频率特性表达式为

$$H(j\omega) = \frac{Y}{X}(j\omega) = \frac{k}{1+j\omega\tau} \qquad (2-28)$$

幅频特性为

$$A(\omega) = |H(j\omega)| = \frac{k}{\sqrt{1+\omega^2\tau^2}} \qquad (2-29)$$

相频特性为

$$\varphi(\omega) = -\arctan(\omega\tau) \qquad (2-30)$$

时间常数 τ 是一阶传感器频率响应的重要性能参数，τ 值越小，频率响应特性就越好。所以，减小 τ 可以改善传感器的频率特性。

2.4　传感器常用的测量电路

在检测系统中，传感器将所感受到的物理量的变化转换成电阻、电流或电压等形式的变化量，经转换电路将其转换为电压输出。转换后的电压变化量通常很弱，不便于直接被处理。因此，需要使用放大电路将其进行适当放大，然后才能被分析和处理。

2.4.1　运算放大电路

输入的待测信号 V_{in} 带有阻抗，依据分压原理，输入阻抗越大，待测信号越能更多地反映到后面的放大电路。因此，为达到较好的测量效果，希望输入阻抗无限大。

另外，根据分压原理，如果输出阻抗无限小，才能真正把放大的效果全部反映到负载的阻抗上，使后级取样电路真正获取需要检测的信号。因此，信号经放大电路放大之后的输出阻抗越小越好。

为达到好的电压放大效果，常使用运算放大器。

理想运算放大器的特性如下：

(1) 输入阻抗大，理想放大器正负两端的内阻非常大，可近似为无穷大。

(2) 输出阻抗小，理想放大器的输出电阻非常小，可近似为零。

(3) 运算放大器的开环电压放大倍数大，可近似为无穷大。

(4) 运算放大器的响应频宽范围大。

因此，一般情况下会使用运算放大器作为电压放大电路。

放大器正负两端的内阻要非常大，可实现理想的电压放大；在输出端，放大器的输出阻抗非常小，近似为零。所以，在实际的放大电路分析过程中，通常认为放大器的输入阻抗无限大，输出阻抗非常小。此外，在很多应用情况下，放大倍数可以靠其他的电路来控制。另外，对于理想的运算放大器，通常会认为其频宽非常大，这样就不会影响到对电路的设计。

因为运算放大器的输入阻抗无穷大，所以放大器正负两端之间的电流非常小，接近为零，称为虚断；此时放大器的正负两端之间的压降近似为零，即 $V_+ = V_-$，称为虚短。

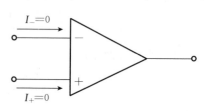

图 2.11 运算放大器

运算放大器如图 2.11 所示。

用运算放大器可以实现一些实际的应用电路，如反相比例运算放大电路、同相比例运算放大电路等。

1. 反相比例运算放大电路

反相比例运算放大电路如图 2.12 所示。

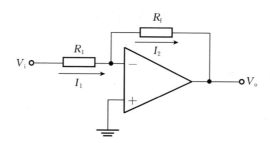

图 2.12 反相比例运算放大电路

反相比例运算放大电路的工作原理推导如下：

$$V_+ = V_- = 0 \qquad (2-31)$$

$$I_1 = \frac{V_i}{R_1} \qquad (2-32)$$

$$I_2 = \frac{-V_o}{R_f} \qquad (2-33)$$

因为 $I_1 = I_2$，所以

$$V_o = -\frac{R_f}{R_1}V_i \qquad (2-34)$$

由式（2-34）可知，输出电压与输入电压的极性是相反的。此外，通过调整 R_f 和 R_1 的阻值大小就可改变电压放大倍数。因此，该电路称为反相比例运算放大电路。

2. 同相比例运算放大电路

同相比例运算放大电路也是经常使用的放大电路，如图 2.13 所示。

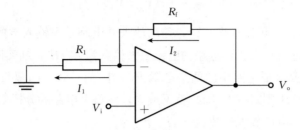

图 2.13　同相比例运算放大电路

同相比例运算放大电路的工作原理推导如下：

$$V_+ = V_- = V_i \qquad\qquad (2-35)$$

$$I_1 = \frac{V_i}{R_1} \qquad\qquad (2-36)$$

$$I_2 = \frac{V_o - V_-}{R_f} \qquad\qquad (2-37)$$

因为 $I_1 = I_2$，所以

$$V_o = \left(1 + \frac{R_f}{R_1}\right) V_i \qquad\qquad (2-38)$$

由式（2-38）可以看出，在同相比例运算放大电路中，输出电压的极性与输入电压的极性是相同的。另外，放大倍数为 $1 + \dfrac{R_f}{R_1}$，通过调整 R_f 和 R_1 的值就可以设定需要的电压放大倍数。

3. 差动放大器电路

在实际的测量电路中，经常用到的放大器是差动放大器。差动放大器测量的是放大器的两个输入端之间的电压差，差动放大器的电路如图 2.14 所示。

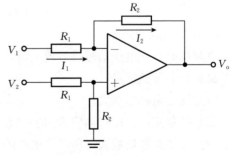

差动放大器的工作原理推导如下：

图 2.14　差动放大器电路

$$I_1 = \frac{V_1 - V_-}{R_1}$$

$$I_2 = \frac{V_- - V_o}{R_2}$$

$$V_+ = V_2 \times \frac{R_2}{R_1 + R_2}$$

因为 $V_+=V_-$，$I_1=I_2$，所以

$$V_o=\frac{R_2}{R_1}(V_2-V_1) \qquad (2-39)$$

由式（2-39）可以得出结论，差动放大器电路是对输入端的 V_2 和 V_1 之间的电压之差进行放大，该电路的电压放大倍数为 R_2/R_1。在实际使用差动放大器电路时，要保证电路中的两个电阻 R_1 的阻值一致，同理两个电阻 R_2 的阻值也要一致，否则式（2-39）就不成立，使整个电路的分析变得比较复杂，无法获得想要的电压放大倍数。

4. 多挡位放大电路

当传感器检测到的信号变化范围比较大时，即不同时刻有不同的输入大小，如果仍然采用固定放大倍数的放大器，显然不能达到满意的检测效果。可以使用放大倍数可调的多挡位放大电路，在测量时，可以根据实际情况选取适当挡位，多挡位放大电路如图 2.15 所示，该电路中有 3 个可调挡位，可实现 3 种放大倍数，分别为 1 倍、2 倍、10 倍。

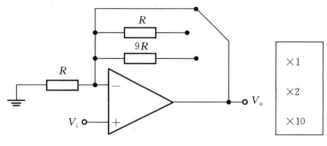

图 2.15　多挡位放大电路

5. 仪器放大器电路

在对检测到的电压信号进行放大时，通常采用的是仪器放大器。仪器放大器电路具有如下的优点：

（1）输入阻抗非常大。

（2）控制简单，通过调整 R_1 的值就可控制放大倍数。

（3）由于是差动放大，所以可以消除共模杂讯信号。

因此，仪器放大器非常适合应用在传感器的前置电路中。

仪器放大器由 3 个 OP 放大器构成，两个输入 V_1 和 V_2 分别接到 OP1 和 OP2 的正输入端，仪器放大器的另一个放大器采用的是差动放大，具体电路如图 2.16 所示，对整个电路的分析如下。

对于 OP1，有 $V_-=V_+=V_1$；对于 OP2，有 $V_-=V_+=V_2$。

所以，对于 OP1 和 OP2，有

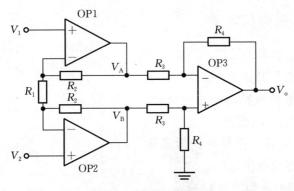

图 2.16　仪器放大器电路

$$V_1 = V_A + \frac{R_2}{R_1 + R_2} \times (V_2 - V_A) \qquad (2-40)$$

$$V_2 = V_B + \frac{R_2}{R_1 + R_2} \times (V_1 - V_B) \qquad (2-41)$$

可推出

$$V_A = \left(1 + \frac{R_2}{R_1}\right) \times V_1 - \frac{R_2}{R_1} \times V_2 \qquad (2-42)$$

$$V_B = \left(1 + \frac{R_2}{R_1}\right) \times V_2 - \frac{R_2}{R_1} \times V_1 \qquad (2-43)$$

OP3 是一个差动放大电路，有

$$V_o = \frac{R_4}{R_3} \times (V_B - V_A) = \frac{R_4}{R_3} \times \left(1 + \frac{2R_2}{R_1}\right) \times (V_2 - V_1) \quad (2-44)$$

在仪器放大器电路中，R_1 可以采用可调电阻，具体电路如图 2.17 所示。由式（2-44）可得出结论，只需要调整 R_1 的阻值即可改变放大倍数。

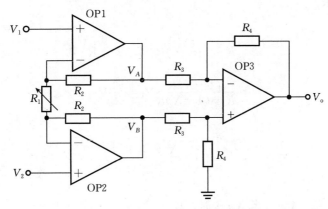

图 2.17　R_1 可调的仪器放大器电路

2.4.2　惠斯通电桥电路

在检测电路中常常采用惠斯通电桥电路，它可以把电阻的变化转化为电压输出。惠斯通电桥电路具有 4 个桥臂，组成四边形结构，激励的电压连接到其中的一个对角位置，由另外的对角输出。本章介绍直流电桥。

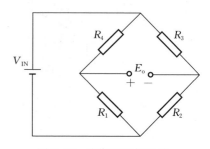

图 2.18　惠斯通电桥电路

惠斯通电桥电路如图 2.18 所示。

由图 2.18 可知

$$E_o = \frac{R_1 V_{IN}}{R_1 + R_4} - \frac{R_2 V_{IN}}{R_2 + R_3} = \frac{\dfrac{R_1}{R_4}\left(1 + \dfrac{R_2}{R_3}\right) - \dfrac{R_2}{R_3}\left(1 + \dfrac{R_1}{R_4}\right)}{\left(1 + \dfrac{R_1}{R_4}\right)\left(1 + \dfrac{R_2}{R_3}\right)} \times V_{IN}$$

$$(2-45)$$

由式（2-45）可以看出，如果 $\dfrac{R_1}{R_4} = \dfrac{R_2}{R_3}$，即在 $R_1 R_3 = R_2 R_4$ 的情况下，$E_o = 0$，此时电路处于平衡状态。

1. 单臂惠斯通电桥

如果电桥中的一个电阻可调，称为单臂可调的惠斯通电桥，电路如图 2.19 所示，设可调的电阻 $R_1 = (1+X)R$，其余电阻为 R。

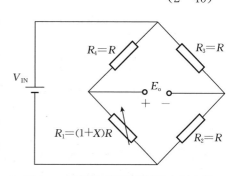

图 2.19　单臂可调的惠斯通电桥电路

$$E_o = \frac{(1+X)R}{R + (1+X)R} V_{IN} - \frac{R}{R+R} V_{IN}$$

$$= \frac{(1+X)R}{R + (1+X)R} V_{IN} - \frac{1}{2} V_{IN}$$

$$= \frac{V_{IN}}{4} \times \frac{X}{1 + \dfrac{X}{2}}$$

$$(2-46)$$

对于式（2-46），当 $X \ll 1$ 时，$E_o = \dfrac{X}{4} V_{IN}$。

由式（2-46）可以看出，输出
与输入之间不是一个线性关系，只有
在 $X \ll 1$ 的情况下，才可视为线性
关系。

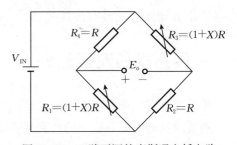

图 2-20　双臂可调的惠斯通电桥电路

2. 双臂惠斯通电桥

如果电桥中两个电阻可调，称为
双臂惠斯通电桥，电路如图 2-20
所示。

从图 2-20 中可以得到

$$
\begin{aligned}
E_o &= \left[\frac{R(1+X)}{R+R(1+X)} - \frac{R}{R+R(1+X)} \right] \times V_{IN} \\
&= \frac{XR}{R+R(1+X)} \times V_{IN} \\
&= \frac{V_{IN}}{2} \times \frac{X}{1+\frac{X}{2}}
\end{aligned}
\tag{2-47}
$$

由式（2-47）可知，当 $X \ll 1$ 的情况下，$E_o = \frac{X}{2} V_{IN}$。

与单臂可调的惠斯通电桥电路相比，双臂可调的惠斯通电桥电路的输出提
高了 1 倍。与单臂可调的惠斯通电桥电路一样，双臂可调的惠斯通电桥电路的
输出输入也不是线性关系，但只要
满足 $X \ll 1$，可近似地认为输出和输
入之间是线性关系。

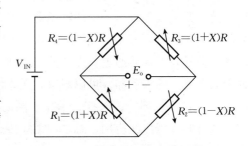

图 2.21　全臂可调的惠斯通电桥电路

3. 全臂惠斯通电桥

如果惠斯通电桥中的 4 个电阻
都可调整大小，则该电路称为全臂
惠斯通电桥，电路如图 2.21 所示。

根据图 2.21 可以推导出

$$
\begin{aligned}
E_o &= \left[\frac{R(1+X)}{2R} - \frac{R(1-X)}{2R} \right] \times V_{IN} \\
&= \left(\frac{1+X-1+X}{2} \right) \times V_{IN} \\
&= X V_{IN}
\end{aligned}
\tag{2-48}
$$

将全臂可调的惠斯通电桥电路与单臂可调的惠斯通电桥电路及双臂可调
的惠斯通电桥电路相比，可知全臂可调的惠斯通电桥电路具有最大的输出，

并且输出和输入之间具有线性关系。

2.5 传感器的发展趋势

传感器具有功能智能性、测试精确性、工艺复杂性和应用广泛性等特点。

随着时代的发展，未来的传感器必须具有微型化、智能化、网络化、高灵敏度化、多功能化等特点。

1. 智能传感器

智能型传感器（intelligent sensor）被称为第四代传感器。它具有信息处理功能，随着微机电系统（MEMS）与 CPU、信息控制技术的结合，未来的智能传感器本身带有微处理器，兼有信息检测、信号处理、信息记忆、逻辑思维与判断及自诊断功能。

智能传感器是传感器集成化与微处理机相结合的产物，它具有高精度软件方式信息采集、一定的编程自动化能力、功能多样化等优点，是传感器技术克服自身不足向前发展的必然趋势，是传感器发展的主要方向。

2. 无线网络传感器

通过传感器与其他学科的交叉融合，实现无线网络化。随着通信技术的发展以及无线技术的广泛应用，无线技术将广泛应用于传感器技术。无线网络（wireless network）对人们来说并不陌生，如手机、无线上网等。无线网络传感器的主要组成部分是一个能够感受压力、温度、湿度、噪声等变化的体积小巧的传感器节点，每个节点都可以快速地将采集到的信息进行加工处理并转化为数字信号，编号后通过节点和节点之间自行建立的无线网络发送给具有更强处理数据能力的服务器。可以想象，无线传感器网络的应用前景巨大，不仅会在工业、农业、环境、医疗、军事、国防等领域广泛应用，还将在交通、家用、保健等领域广泛应用。总之，无线传感器网络未来将无处不在。

3. 纳米传感器

随着纳米技术的发展，纳米技术将应用到传感器中，纳米技术可为传感器提供优良的敏感材料。纳米技术推动了传感器的制作水平，拓宽了传感器的应用领域。

4. 集成化传感器

随着集成电路技术和计算机辅助设计技术的快速发展，利用微电子电路制作技术和微型计算机接口技术将传感器与信号调理、补偿等电路集成在同一芯片上，使传感器逐步微型化。

5. 仿生学传感器

仿生学的发展能够促进传感器的发展，这是传感器的一个新的发展方向。如触觉传感器，这种传感器系统由聚偏氟乙烯（PVDF）材料、无触点皮肤敏感系统以及具有压力敏感传导功能的橡胶触觉传感器等组成。

除此以外，还要加强对新理论的探讨、新材料和新工艺的研究以及新技术的应用：

（1）努力实现传感器的宽检测范围、高灵敏度、高精度、响应快、互换性好等新特性。

（2）提高集成化，使传感器功能和信息处理功能一体化。

（3）确保传感器的可靠性，延长其使用寿命。

（4）加强对新型功能材料、新工艺的开发，各种新型传感器孕育在新材料之中，加强对半导体材料、压电半导体材料、高分子压电薄膜的研究。

本　章　小　结

传感器是能感受规定的被测量并按照一定规律转换成可用输出信号的器件或装置。传感器又称为变送器，主要由敏感元件、转换元件、调理及转换电路和辅助电源（可选）等组成。传感器是检测系统发展的产物，传感器在非电量检测系统中占有重要的地位。可以说，没有传感器就没有现代科学技术的迅速发展。传感器技术、计算机技术和通信技术并称现代信息技术的三大支柱，传感器技术是衡量一个国家综合国力强弱的一个重要指标。当今各个国家都非常重视传感器的研究，都在大力发展传感器技术。传感器的基本特性是指传感器的输出-输入关系特性，是传感器的内部结构参数作用关系的外部特性表现。传感器的静态特性是指当传感器在被测量处于稳定状态下的输出-输入关系，即当被测量不随时间变化或变化很慢时，传感器的输出-输入关系。传感器的静态特性指标包括很多个，重要的有线性度、稳定性、灵敏度、重复性等。传感器的动态特性是指传感器对随时间变化的输入量的响应特性，反映输出值真实再现变化着的输入量的能力。动态特性主要考虑它的幅频特性和相频特性。

本章以生产和生活中常见的传感器应用实例入手，以对传感器的认识过程为主线，阐述了传感器的重要地位和作用，学习了传感器的定义、组成、符号及传感器的分类方法，讨论了传感器的静态特性、动态特性的指标。本章还介绍了反相比例放大器、同相比例放大器及差动放大电路、仪器放大器、惠斯通电桥电路等传感器常用的测量电路，最后介绍了传感器的发展趋势。

思考题与习题

1. 什么是传感器?
2. 传感器由哪些部分组成? 每部分分别起到什么作用?
3. 传感器在检测系统中有什么作用和地位?
4. 传感器常用的分类方法有哪几种?
5. 什么是传感器的静态特性?
6. 传感器的静态特性指标主要有哪些?
7. 什么是传感器的动态特性?
8. 传感器的发展趋势是什么?
9. 惠斯通电桥分为哪几种?
10. 说明惠斯通电桥的平衡条件。
11. 什么是传感器的线性度?
12. 什么是传感器的迟滞?
13. 什么是传感器的重复性?
14. 什么是传感器的分辨力?
15. 什么是传感器的灵敏度?
16. 什么是传感器的精确度?
17. 什么是传感器的阈值?
18. 什么是传感器的稳定性?
19. 什么是传感器的漂移?

第 3 章 电阻应变式传感器

电阻应变式传感器是将压力、拉力等被测量的变化转换成敏感元件电阻值的变化，再转换成相应电信号输出，实现非电量的测量。电阻应变式传感器在称重、测力、测压、测扭矩等方面得到了广泛的应用。

3.1 电阻应变式传感器的工作原理

电阻应变式传感器是利用电阻的应变效应制成的传感器。

电阻的应变效应是指导体或者半导体材料在外力作用下产生机械形变时，其电阻值也随之发生相应变化的现象，如图 3.1 所示。

图 3.1　电阻应变效应

例如，金属电阻应变式传感器是一种比较常见的应变式电阻传感器，具有结构简单、测试快等特点，使其在测量中得到了广泛应用。当金属导体在受到外力作用下产生伸长或缩短变形时，其电阻值发生变化的物理现象称为金属的电阻应变效应。

当金属电阻丝受到轴向拉力时，其长度会增加、横截面积会减小，导致其阻值增加；反之，当金属电阻丝受到轴向压力时，它的长度减小、横截面变大，导致其阻值减小。

电阻应变片与弹性敏感元件、补偿电阻一起可构成用途广泛的电阻应变式传感器。电阻应变式传感器按工艺可分为粘贴式、非粘贴式（又称张丝式或绕丝式）、焊接式、喷涂式等。

如图 3.2 所示，电阻应变式传感器是通过弹性敏感元件把外部的应力转换成应变,根据电阻的应变效应,由电阻应变片将应变转换成电阻值的微小变化,最后由测量电桥转换成电压或电流信号。

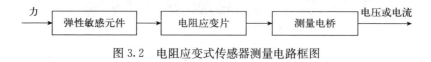

图 3.2　电阻应变式传感器测量电路框图

3.2　应变片的种类及粘贴

3.2.1　应变片的种类

电阻应变片基于电阻应变效应原理,应变片分为金属电阻应变片和半导体应变片两大类。金属电阻应变片品种较多,形式也多种多样,比较常见的有箔式电阻应变片和丝式电阻应变片。

丝式电阻应变片是将金属电阻丝粘贴在绝缘基片上,上面覆盖一层薄膜,使它们变成一个整体,其特点是制作简单、易粘贴。

常见的金属丝式应变片的结构形式如图 3.3 所示,金属丝式应变片元件的外形如图 3.4 所示。

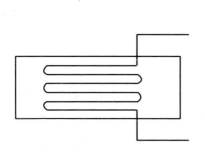

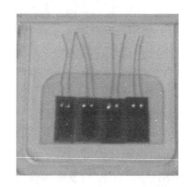

图 3.3　常见的金属丝式应变片的结构形式　　图 3.4　金属丝式应变片的外形

目前使用的应变片大多是金属箔式应变片。金属箔式应变片的工作原理与金属丝式应变片完全相同,只是它的敏感栅是由很薄的金属箔片制成,其厚度一般为 0.003~0.010 mm。

与金属丝式应变片相比,金属箔式应变片可以采用光刻技术制成复杂形状的敏感栅。它的优点是横向效应小、敏感栅与被测试件接触面积大、散热性能好,可通过较大的电流,因而可以提高相匹配的电桥电压,故提高了输出灵敏度;并且,金属箔式应变片疲劳寿命长,蠕变较小。金属箔式应变片的缺点是金属箔式应变片的电阻值的分散性比金属丝式应变片的大，故需要调整阻值。

图 3.5 为两种常见的金属箔式应变片的结构形式。

图 3.5　两种常见的金属箔式应变片的结构形式
（a）金属箔式单向应变片　（b）金属箔式转矩应变片

3.2.2　应变片的粘贴

应变片的粘贴对测量结果有重要影响。

应变片在试件上的安装质量是决定测试精度及可靠性的关键之一，应变片一定要牢固粘贴到被测件的关键位置，即应变片应粘贴在弹性元件产生应变最大的位置，并且沿主应力方向贴片；贴片处的应变尽量与外载荷呈线性，同时应注意使该处不受非待测载荷的干扰影响。

粘贴前，应将被测物体的表面擦拭干净，然后还要在被测物体的表面以及应变片和被测件接触的表面均匀地涂上一层适当厚度的黏合剂。需要注意的是，黏合剂不能涂抹太厚，否则会影响测量效果。当应变片粘贴到被测件关键部位上之后，还要在应变片上覆盖上聚乙烯薄膜。如果应变片和被测物体之间有气泡，要把气泡排出，否则会影响测量效果。之后的步骤就是焊接引线，为了防止由于被测件运动而造成折断应变片的引线，要注意固定好引出线。另外，为了保证应变片能够长期稳定地工作，还要防止应变片受到侵蚀。

3.3　金属丝式电阻应变片

3.3.1　金属丝式电阻应变片的工作原理

图 3.6 为金属丝受到沿轴向拉力时产生应变效应的示意图。

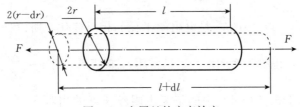

图 3.6　金属丝的应变效应

l. 金属丝长度　r. 金属丝半径

设 ρ 为金属丝的电阻率，A 为金属丝的横截面积。当金属丝没有受到外部的拉力或压力时，金属丝的电阻为 $R=\rho\dfrac{l}{A}$，如果金属丝受到一个沿着轴向的拉力 F，这时金属丝因为受到拉力将产生一个形变，即金属丝将沿其轴向产生一个微小的伸长量，金属丝的横截面积也将减小，加之晶格变化等原因，金属的电阻率也会有微小的变化，电阻值将增加；反之，当金属丝受到一个沿着轴向的压力时，金属丝长度减小而横截面增加，电阻值将减小。根据电阻两端电压的变化，经分析即可获得金属丝的受力大小。

对于电阻丝的电阻公式 $R=\rho\dfrac{l}{A}$，首先对该式两边同时取对数，会得到 $\ln R=\ln\rho+\ln l-\ln A$，两边再取微分，可以得到

$$\frac{\mathrm{d}R}{R}=\frac{\mathrm{d}\rho}{\rho}+\frac{\mathrm{d}l}{l}-\frac{\mathrm{d}A}{A} \tag{3-1}$$

因为 $A=\pi r^2$，所以

$$\mathrm{d}A=2\pi r\mathrm{d}r$$

$$\frac{\mathrm{d}A}{A}=\frac{2\pi r\mathrm{d}r}{A}=\frac{2\pi r\mathrm{d}r}{\pi r^2}=2\frac{\mathrm{d}r}{r} \tag{3-2}$$

将式（3-2）代入式（3-1），可得

$$\frac{\mathrm{d}R}{R}=\frac{\mathrm{d}\rho}{\rho}+\frac{\mathrm{d}l}{l}-2\frac{\mathrm{d}r}{r} \tag{3-3}$$

式（3-2）和式（3-3）中：$\dfrac{\mathrm{d}R}{R}$ 为金属丝电阻的相对变化；$\dfrac{\mathrm{d}\rho}{\rho}$ 为金属丝电阻率的相对变化；$\dfrac{\mathrm{d}A}{A}$ 为金属丝横截面积的相对变化；$\dfrac{\mathrm{d}l}{l}$ 为金属丝长度的相对变化；$\dfrac{\mathrm{d}r}{r}$ 为金属丝半径的相对变化。

式（3-3）也可以写成

$$\frac{\Delta R}{R}=\frac{\Delta\rho}{\rho}+\frac{\Delta l}{l}-2\frac{\Delta r}{r} \tag{3-4}$$

由于式（3-4）中的 $\dfrac{\Delta r}{r}$ 是电阻丝半径的相对变化，所以把它定义为电阻丝的径向应变，也称为横向应变，通常用 ε_y 来表示，即 $\varepsilon_y=\dfrac{\Delta r}{r}$。

同理，由于式（3-4）中的 $\dfrac{\Delta l}{l}$ 是电阻丝长度的相对变化，所以把它定义为电阻丝的轴向应变，也称纵向应变，并把它用 ε_x 来表示，即 $\varepsilon_x=\dfrac{\Delta l}{l}$。

ε_x 通常很小，在应变测量应用中，常把它称为微应变，对于金属材料来说，为防止超过材料的极限而导致断裂，受力产生的轴向应变不应大于 1×10^{-3}。

应变 ε_y 和 ε_x 的值一般都非常小，通常用 10^{-6} 作为单位表示，是无量纲的数。

根据材料学的知识可知，在一定的弹性范围内，金属丝的轴向应变 ε_x 与径向应变 ε_y 之间有 $\varepsilon_y = -\mu\varepsilon_x$ 的关系。这里 μ 称为金属丝的泊松比。实验表明，不同金属材料的泊松比稍有差异，一般为 $0.3 \sim 0.5$。

所以，由式（3-2），有

$$\frac{\mathrm{d}A}{A} = 2\frac{\mathrm{d}r}{r} = -2\mu\varepsilon_x \qquad (3-5)$$

负号表示应变方向相反。

根据式（3-1），有

$$\frac{\mathrm{d}R}{R} = (1+2\mu)\varepsilon_x + \frac{\mathrm{d}\rho}{\rho} = \left[(1+2\mu) + \frac{\mathrm{d}\rho/\rho}{\mathrm{d}l/l} \right]\varepsilon_x \qquad (3-6)$$

通过式（3-6）可以看出，金属丝电阻发生变化的原因是金属丝受到应力引起金属丝的几何形状发生变化和引起金属丝电阻率发生变化共同作用的结果。

$\dfrac{\mathrm{d}\rho/\rho}{\mathrm{d}l/l}$ 称为由于应变的改变而引起的金属丝的电阻率压阻效应部分，对很多金属丝电阻来说，由于这个值是常数，并且非常小，所以通常忽略。

把单位应变所引起的电阻相对变化量称为电阻丝的灵敏系数 K，即

$$K = \frac{\mathrm{d}R/R}{\varepsilon_x} = 1 + 2\mu + \frac{\mathrm{d}\rho/\rho}{\varepsilon_x} \qquad (3-7)$$

对于金属材料，$1+2\mu \gg \dfrac{\mathrm{d}\rho/\rho}{\varepsilon_x}$，所以 $K \approx 1 + 2\mu$。

经过实验证明，在应变极限范围内，金属电阻丝的灵敏系数 $K = 1.8 \sim 3.6$，是一个常数。

对于半导体，K 主要由电阻率相对变化决定。

3.3.2　金属丝式电阻应变片的基本结构

应变片是由敏感栅、基底、盖片、引线等构成的用于测量应变的元件。金属丝式电阻应变片的基本结构如图 3.7 所示。

在使用时，可以把应变片牢固紧密地粘贴在待测物体的测点上，当物体受力后，由于被测点发生应变，会引起敏感栅也随之发生形变，从而导致应变片的电阻值发生了改变，通过电路转换为相应的电压或电流的变化，并转换为测点的应变值，进而得到应力值。

敏感栅的作用是将应变量
转换成电阻量。为提高金属丝
式应变片传感器的测量精度，
敏感栅作为该种传感器重要的
构成部分，其材料应具有如下
3 种主要特性：

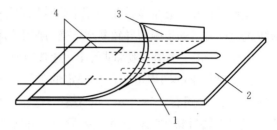

图 3.7　金属丝式电阻应变片的基本结构
1. 敏感栅　2. 基底　3. 盖片　4. 引线

（1）应变灵敏系数大，在
所测应变范围保持常数不变。

（2）电阻温度系数小，这样可降低温度变化对应变片的不利影响。

（3）耐腐蚀性好，以保证传感器的长期使用和测量精度。

经实验验证，在实际应用中，常常使用康铜、镍铬铝合金、铂、铂钨合金
等材料作为金属丝式应变片敏感栅的材料。

基底和盖片一般是厚度为 0.02～0.05 mm 的环氧树脂等胶基材料，作用
是保持敏感栅、引线的几何形状及其相对位置，使被测构件上的应变不失真地
传递到敏感栅上，应具有机械强度好、粘贴性能好、电绝缘性好、无滞后和蠕
变等性能。

引线一般采用 $\phi=0.05～0.10$ mm 的银铜线、铬镍线等，引线与敏感栅点
焊焊接，作用是连接敏感栅和测量电路。引线要求灵敏系数大，电阻温度系数
小，电阻率高，抗氧化。

3.4　半导体应变片

3.4.1　种类

半导体应变片分为体型和扩散型两种。体型半导体应变片利用半导体材料
的体电阻制成，扩散型半导体应变片是在半导体材料的基片上利用集成电路工
艺制成的扩散型电阻。

3.4.2　工作原理

半导体应变片是用半导体材料制成的，它是基于半导体的压阻效应作为其
工作原理的，半导体的压阻效应是指当沿着半导体材料的某一轴向施加压力作
用使半导体变形时，它的电阻率发生变化的现象。所有材料在某种程度都呈现
压阻效应，但半导体材料的压阻效应比较显著，能直接反映很小的应变。利用
半导体的压阻效应制成的传感器称为压阻传感器或半导体应变片。

　　由于半导体是各向异性材料，因此它的压阻效应不但与温度、掺杂浓度和材料类型有关，还与晶向有关。

　　当半导体应变片受到轴向力作用时，它的电阻相对变化为

$$\frac{\mathrm{d}R}{R}=(1+2\mu)\varepsilon+\frac{\mathrm{d}\rho}{\rho} \qquad (3-8)$$

　　式中　$\mathrm{d}\rho/\rho$——半导体应变片的电阻率相对变化量，该值的大小与半导体敏感元件在轴向所受的力有关，具有如下关系：

$$\frac{\mathrm{d}\rho}{\rho}=\pi\cdot\sigma=\pi\cdot E\cdot\varepsilon \qquad (3-9)$$

　　式中　π——半导体材料的压阻系数；

　　　　　σ——半导体材料所受的应变力；

　　　　　E——半导体材料的弹性模量；

　　　　　ε——半导体材料的应变。

　　可推得

$$\frac{\mathrm{d}R}{R}=(1+2\mu+\pi E)\varepsilon \qquad (3-10)$$

　　经实验已证明，对于半导体材料，$\pi E\gg1+2\mu$，因此，式（3-10）中的 $1+2\mu$ 项可忽略不计，半导体应变片的灵敏度系数为

$$K=\frac{\mathrm{d}R/R}{\varepsilon}\approx\pi\cdot E=\frac{\mathrm{d}\rho/\rho}{\varepsilon} \qquad (3-11)$$

　　与金属丝式应变传感器相比，半导体应变片的灵敏度系数较高，是金属丝式应变片的 50~80 倍，原因在于半导体应变片的灵敏系数主要受电阻率的变化影响。但是，半导体材料由于具有温度系数较大的特点，因此半导体应变片的应用受到了一定的限制。

　　半导体应变片在使用时，外力的作用使被测对象产生微小的机械变形，会使半导体应变片电阻率发生相应变化，引起应变片电阻值发生相应变化。当测得应变片电阻值变化量为 ΔR 时，便可得到被测对象的应变值，根据应力与应变的关系，得到应力值为 $\sigma=E\cdot\varepsilon$。

3.4.3　半导体应变片和金属应变片的比较

　　从灵敏度上来看，金属应变片没有半导体应变片的灵敏度高。但是，金属应变片的灵敏度受温度的影响较小，半导体应变片受温度影响较大。另外，半导体应变片受到施加的力时，主要改变的是电阻率，灵敏系数与应变片的几何尺寸无关；金属应变片主要是由它的几何尺寸引起电阻的变化。

3.5 电阻应变式传感器的测量电路

在应用电阻应变片进行测量时，先将应变片用黏合剂粘贴在弹性体或试件上，弹性体受外力作用发生形变，所产生的应变会使应变片发生形变，引起应变片的阻值发生变化。

测量电路将电阻的变化再转换为电压或电流信号，从而得到被测量的大小。通常应变片的形变是非常小的，其输出端的阻抗变化微乎其微，因此直接去测量应变片输出端阻值变化的方法是不可取的。通常的做法是把应变片接到惠斯通电桥电路的桥臂中，把应变片阻抗的变化转换成对应电压的变化，接着对电压信号进行放大，再进行电压测量，从而达到对力的测量。

按照激励电源性质的不同，电桥可以分为直流电桥和交流电桥。如果使用直流电源称为直流电桥，使用交流电源称为交流电桥。直流电桥只能测量电阻的变化，交流电桥不仅可用于测量电阻的变化，还可用于测量电容和电感的变化。直流电桥具有电桥平衡电路简单、传感器到测量仪表的连接导线分布参数影响小等优点，这里只讨论直流电桥。图3.8采用的是惠斯通直流电桥测量电路。

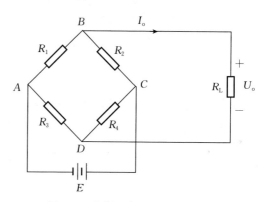

图3.8 惠斯通直流电桥测量电路

直流电桥的原理是利用一个或多个桥臂的阻值变化引起电桥输出电压的变化，桥臂可由电阻式敏感元件构成。

1. 直流电桥的平衡条件

如图3.8所示，当电桥的负载电阻 R_L 趋近于无穷大时，该直流电桥的输出电压为

$$U_o = E\left(\frac{R_1}{R_1+R_2} - \frac{R_3}{R_3+R_4}\right) \tag{3-12}$$

由式（3-12）可知，若想使电桥平衡，即 $U_o = 0$，则需要使

$$\frac{R_1}{R_1+R_2} - \frac{R_3}{R_3+R_4} = 0 \tag{3-13}$$

进一步推出

$$\frac{R_1(R_3+R_4)-R_3(R_1+R_2)}{(R_1+R_2)(R_3+R_4)}=0$$

$$\frac{R_1R_4-R_2R_3}{(R_1+R_2)(R_3+R_4)}=0 \qquad (3-14)$$

所以
$$R_1R_4-R_2R_3=0 \qquad (3-15)$$

即
$$\frac{R_1}{R_2}=\frac{R_3}{R_4} \qquad (3-16)$$

式（3-16）就是直流电桥平衡的条件。

2. 单臂电桥工作原理及灵敏度

在实际测量中，当电桥中某一个桥臂接入应变片时，此时称为单臂电桥测量电路，如图 3.9 所示，R_1 为应变片，R_2、R_3、R_4 为固定电阻。当应变片受力发生形变后，其电阻也相应发生变化，假设桥臂 R_1 的电阻变化了 ΔR_1，其他桥臂的阻值仍保持不变，那么此时电桥输出电压为

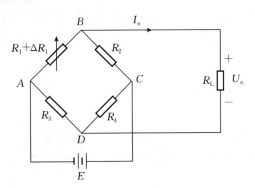

图 3.9 单臂电桥测量电路

$$U_{\circ}=E\left(\frac{R_1+\Delta R_1}{R_1+\Delta R_1+R_2}-\frac{R_3}{R_3+R_4}\right)$$

$$=E\left[\frac{(R_1+\Delta R_1)(R_3+R_4)-(R_1+\Delta R_1+R_2)R_3}{(R_1+\Delta R_1+R_2)(R_3+R_4)}\right] \quad (3-17)$$

如果 $R_2/R_1=R_4/R_3$，即 $R_1R_4=R_2R_3$，则式（3-17）可化为

$$U_{\circ}=E\left[\frac{\Delta R_1R_4}{(R_1+\Delta R_1+R_2)(R_3+R_4)}\right]$$

$$=E\left[\frac{\dfrac{R_4}{R_3}\times\dfrac{\Delta R_1}{R_1}}{\left(1+\dfrac{\Delta R_1}{R_1}+\dfrac{R_2}{R_1}\right)\left(1+\dfrac{R_4}{R_3}\right)}\right] \quad (3-18)$$

令 $m=\dfrac{R_2}{R_1}$，因为 $\Delta R_1\ll R_1$，$R_2/R_1=R_4/R_3$，则式（3-18）可化为

$$U_o = E \left[\frac{\dfrac{R_4}{R_3} \times \dfrac{\Delta R_1}{R_1}}{\left(1+\dfrac{R_2}{R_1}\right)\left(1+\dfrac{R_4}{R_3}\right)} \right]$$

$$= \frac{m}{(1+m)^2} \frac{\Delta R_1}{R_1} E \qquad\qquad (3-19)$$

如果定义电桥电压的灵敏度 $K = U_o / \left(\dfrac{\Delta R_1}{R_1}\right)$，则

$$K = \frac{m}{(1+m)^2} E \qquad\qquad (3-20)$$

为了求 K 的最大值，对式（3-20）求导

$$\dot{K} = \frac{(1+m)^2 - 2m(1+m)}{(1+m)^4} E$$

$$= \frac{1-m^2}{(1+m)^4} E$$

$$= \frac{1-m}{(1+m)^3} E \qquad\qquad (3-21)$$

可推知，当 $m=1$ 时，K 有最大值。由式（3-20）得到 K 的最大值为

$$K = \frac{E}{4} \qquad\qquad (3-22)$$

也就是说，当电桥电压一定的情况下，要想使单臂电桥电压灵敏度最高，必须使 $R_1 = R_2$、$R_3 = R_4$，此时

$$U_o = \frac{\Delta R_1}{R_1} \frac{E}{4} \qquad\qquad (3-23)$$

图 3.10 是应变电桥配接的放大电路，在电路中，应变片作为电桥的一个桥臂，在电桥的输出端接入输入阻抗高、共模抑制作用好的放大电路。

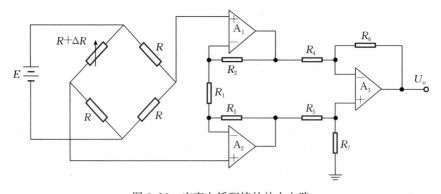

图 3.10　应变电桥配接的放大电路

当被测物理量引起应变片电阻变化时，电桥的输出电压也随之改变，以实现被测物理量和电压之间的转换。

3. 双臂电桥工作原理及灵敏度

在单臂电桥的情况下，电压的灵敏度不是太高。如果在试件上安装了两个应变片，并且二者受力方向相反，把两个应变片接入惠斯通电桥的两个相邻桥臂上，此时该种接法构成的电路称为双臂电桥测量电路，双臂电桥测量电路如图3.11所示。由于这两个应变片

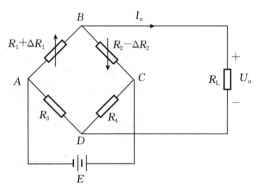

图 3.11 双臂电桥测量电路

受力方向相反，所以一个应变片的阻值增加，另外一个应变片的阻值减小，所以该电路也称为半桥差动电路。由于所使用的两个应变片的型号往往是相同的，所以两个应变片电阻变化的大小相等，即 $\Delta R_1 = \Delta R_2$。此时电桥输出电压为

$$U_\circ = \frac{R_1 + \Delta R_1}{R_1 + \Delta R_1 + R_2 - \Delta R_2} E - \frac{R_3}{R_3 + R_4} E \qquad (3-24)$$

如果 $R_1 = R_2 = R_3 = R_4 = R$，$\Delta R_1 = \Delta R_2 = \Delta R$，式（3-24）可变为

$$U_\circ = \frac{\Delta R}{R} \frac{E}{2} \qquad (3-25)$$

双臂电桥的灵敏度

$$K = U_\circ / \left(\frac{\Delta R}{R} \right) = \frac{E}{2} \qquad (3-26)$$

与单臂电桥得到的输出电压相比，双臂电桥的输出电压提高了1倍，灵敏度提高了1倍。

4. 全臂电桥工作原理及灵敏度

全臂电桥差动电路是指电桥的四臂都接入应变片，其中两个受拉，两个受压，并且变形符号相同的两个应变片接在电桥的相对臂，变形符号不同的两个应变片接在电桥的相邻臂。因为使用的4个应变片型号往往是相同的，所以4个应变片电阻变化的大小相等，即 $\Delta R_1 = \Delta R_2 = \Delta R_3 = \Delta R_4$。全臂电桥测量电路如图3.12所示。

如果 $R_1 = R_2 = R_3 = R_4 = R$，则此时电桥输出电压为

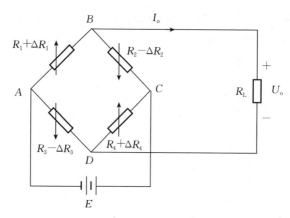

图 3.12   全臂电桥测量电路

$$U_o = \frac{R_1 + \Delta R_1}{R_1 + \Delta R_1 + R_2 - \Delta R_2}E - \frac{R_3 - \Delta R_3}{R_3 - \Delta R_3 + R_4 + \Delta R_4}E$$

$$= \frac{R + \Delta R_1}{R + R}E - \frac{R - \Delta R_3}{R + R}E$$

$$= \frac{\Delta R_1 + \Delta R_3}{2R}E \qquad\qquad (3-27)$$

如果 $\Delta R_1 = \Delta R_2 = \Delta R_3 = \Delta R_4 = \Delta R$，则

$$U_o = \frac{\Delta R}{R}E \qquad\qquad (3-28)$$

全臂电桥的灵敏度

$$K = U_o / \left(\frac{\Delta R}{R}\right) = E \qquad\qquad (3-29)$$

通过对比可以得出结论，在全桥、半桥、单臂电桥 3 种惠斯通电桥测量电路中，全桥差动电路的电压灵敏度最高，其值为半桥工作时的 2 倍，为单臂电桥工作时的 4 倍。

5. 温度补偿

环境温度的变化会导致电阻应变片的电阻也发生变化，给测量结果带来了误差。电阻的热效应以及应变片与待测试件线膨胀系数的不同是造成电阻应变片温度误差的主要原因，主要温度补偿方法如下：

（1）桥路补偿法。利用电桥的和差特性，分为半桥邻臂补偿或全桥自动补偿。

（2）热敏电阻补偿法。温度升高时，会引起应变片灵敏度下降，使电桥的输出电压下降。负温度系数的热敏电阻 R_t 的阻值随温度的升高而减小，使电桥的供电电压随温度的升高而增加，从而提高了电桥的输出电压。适当选取分流电阻 R_0 的值，可以补偿由于应变片灵敏度下降对电桥输出的影响，达到温度补偿的目的，电路如图 3.13 所示。

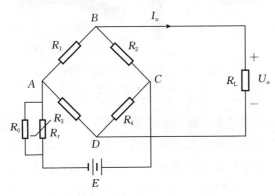

图 3.13　热敏电阻补偿法原理

3.6　电阻应变式传感器的应用

电阻应变式传感器是利用电阻的应变效应制成的，其核心元件是应变片。应变片传感器具有结构简单、尺寸小、灵敏度高并且便宜等很多优点。因此，它在检测系统中得到了广泛应用，常用于测量力、压力、位移、加速度及扭矩等，在机械、建筑、汽车工业等领域电阻应变式传感器有着广泛的应用。

3.6.1　电阻应变式力传感器在电子秤上的应用

电子秤工作原理如图 3.14 所示。

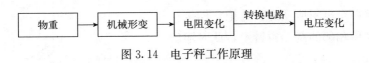

图 3.14　电子秤工作原理

如图 3.15 所示，电子秤通常使用的测力装置是力传感器，力传感器由金属梁和应变片所组成，其中的敏感元件是应变片。原理是将物品的重量通过悬臂梁转化成结构形变，再通过应变片转化为电量输出。

右端固定的梁形元件的材料由弹簧钢制成，在梁的上下表面各自粘贴上一个应变片，如果在梁的自由端施加向下的力，那么梁会发生弯曲变形，梁的上表面将被拉伸，下表面将被压缩，导致粘贴在梁的上表面的应变片的电阻变大，同时使粘贴在梁的下表面的应变片的电阻变小，因此采用的是差动电桥方式。

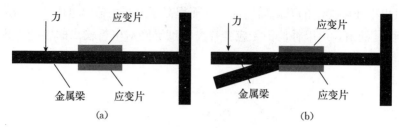

图 3.15　悬臂梁力传感器结构

（a）形变前　（b）形变后

对梁的自由端施加的力越大，那么梁的弯曲形变就越大，从而应变片形变越大，导致应变片的电阻变化越大。如果保证流过应变片中的电流恒定不变，那么粘贴在梁的上表面的应变片两端的电压将变大，粘贴在梁的下表面的应变片两端的电压将变小。应变片将使物体发生形变的力学量转换为电学量。对梁施加时的外力越大，固定在梁的上下表面的两个应变片两端的电压差值也越大。所以，通过测量粘贴在梁的上下表面的应变片的电压就达到了对施加在梁上的外力的测量。

3.6.2　电阻应变式传感器在测量储罐液体重量上的应用

在工业生产中，有时需要测量储罐内液体重量，这时可以采用电阻应变式传感器进行测量，如图 3.16 所示。感压膜的作用是能够感受液体压力，易知如果储罐中液位越高，则感受膜感受到的压力就越大；反之，如果储罐中液位越低，则感受膜感受到的压力就越小。在设计时，在感受膜上接两个电阻应变片，并把它们接在差动电桥中相邻的两个桥臂上，此时输出的电压为

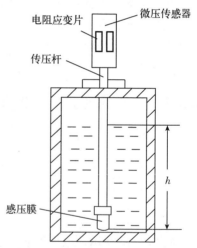

图 3.16　电阻应变式传感器测量储罐液体重量原理

$$U_{\circ} = S\rho g h \quad (3-30)$$

式中　S——传感器的传输系数；

g——重力加速度（m/s^2）；

ρ——储罐中液体的密度（kg/m^3）；

h——储罐中液位的高度（m）。

因为 $\rho g h = \dfrac{Q}{A}$，所以

$$U_o = \frac{SQ}{A} \qquad\qquad (3-31)$$

式中　Q——储罐中液体的重量（N）；

　　　A——柱形储罐的截面积（m^2）。

从式（3-31）可以看出，电桥的输出电压与储罐内液体的重量成线性关系，通过测量输出电压就可以测量出储罐内液体的重量，这样把测量重量转换成了测量电压。

3.6.3　应变片在电子血压计上的应用

在电子血压计里安装压力传感器，在电子血压计内部与袖带连接的胶管上接有一个三通，三通的一路与压力传感器相连，另一路与气泵相连，因此压力传感器可以实时感测到袖带里的压力值。胶管与进气口相连，即可以获得袖带的压力。

传感器内部是压力敏感元件（应变片），压力变化导致

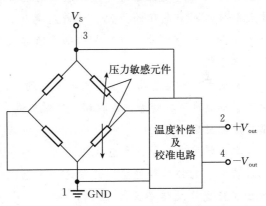

图 3.17　血压计压力传感器测量电路

惠斯通差动电桥的桥臂上应变片阻值发生变化，导致输出电压发生变化，这将压力变化转换成易于测量的电压信号，测量电路如图 3.17 所示。其 4 个管脚分别为 GND、$+V_{out}$、V_S 和 $-V_{out}$。

3.6.4　应变式称重传感器

如图 3.18 所示，常用的桥式测量电路有 4 个电阻，电桥的输入端接工作电压 E，另一端为输出电压 U_o。电路特点：当 4 个电阻达到一定比例关系时，电桥是平衡的，此时输出电压 U_o 等于 0 V。如果压力使电桥的应变片发生形变，则电桥失去平衡，输出电压 U_o 不等于 0 V。所以，电桥能够精确测量微小的压力变化。

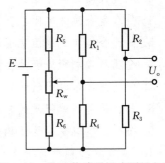

图 3.18　称重传感器桥式测量电路

本 章 小 结

电阻应变式传感器的工作原理是基于电阻的应变效应。应变片分为金属电阻应变片和半导体应变片两大类。应变片是由敏感栅、基底、盖片、引线等构成的用于测量应变的元件。半导体应变片是用半导体材料制成的，其工作原理是半导体的压阻效应。通常应变片的形变是非常小的，其输出端的阻抗变化微乎其微。因此，直接去测量应变片输出端阻值变化的方法是不可取的。通常的做法是把应变片接到惠斯通电桥电路的桥臂中，把应变片阻抗的变化转换成对应电压的变化，接着对电压信号进行放大，再进行电压测量，从而达到对力的测量。应变式传感器通常采用桥式测量转换电路，一般采用半桥或全桥形式。

应变式电阻传感器在检测系统中得到了广泛应用，常用于测量力、压力、位移、加速度及扭矩等，在机械、建筑、汽车工业等领域应变式电阻传感器有着广泛的应用。

本章学习了金属丝式电阻应变片、半导体应变片的基本结构、工作原理以及应变片的种类和粘贴，详细讨论了电阻应变式传感器的测量电路，最后给出了应变片式传感器的应用，为设计和使用应变式电阻传感器打下了基础。

思考题与习题

1. 什么是应变效应？
2. 简述电阻应变式传感器的工作原理。
3. 应变片应如何粘贴？
4. 什么是金属的电阻应变效应？
5. 简述金属丝式电阻应变片的工作原理。
6. 金属丝式电阻应变片由哪些部分组成？
7. 什么是金属电阻丝的径向应变？
8. 什么是金属电阻丝的轴向应变？
9. 金属电阻应变片的结构形式有哪几种？
10. 应变片的种类有哪些？
11. 什么是半导体的压阻效应？

12. 电阻应变式传感器的应用领域有哪些?

13. 金属应变式传感器与半导体应变式传感器有哪些区别?

14. 什么是直流电桥? 按桥臂工作方式不同, 直流电桥分为哪几种?

15. 应变片测量电路中全臂电桥工作方式输出电压是单臂电桥工作方式输出电压的几倍?

第 4 章　电容式传感器

电容式传感器是一种将被测非电量（如尺寸、压力等）的变化转换成电容量变化的装置。

电容式传感器具有如下优点：

（1）结构简单、适应性强。一般采用石英、陶瓷等无机材料作绝缘支架，用金属或在非金属材料上镀金属作为极板。

（2）电容式传感器受自身发热影响小。很多电容式传感器是真空的，或用一些其他气体作为绝缘介质，因此介质损耗非常小，热能损失较小。

（3）电容式传感器的动态响应好。电容式传感器由于极板间的静电引力很小，所以需要的作用能量极小。它的可动部分可以做得很薄、质量很小，所以其固有频率很高，动态响应时间短，适合动态测量。

（4）可实现非接触测量。在高温、辐射等恶劣条件下，当不允许接触测量时，电容式传感器可完成测量。

电容式传感器的缺点是寄生电容影响大，输出特性非线性。

电容式传感器常用于对压力、液面、料位、振动、角度、加速度、成分含量等的测量，在测量系统中得到了广泛应用。

4.1　电容式传感器的工作原理

常用的电容式传感器包括平板式和圆筒式两种。平板电容式传感器的结构原理如图 4.1 所示。

在不考虑电容的边缘电场影响时，可用如下公式计算电容：

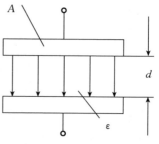

图 4.1　平板电容式传感器的
结构原理

$$C = \frac{\varepsilon \cdot A}{d} = \frac{\varepsilon_0 \cdot \varepsilon_r \cdot A}{d}$$

式中　A——电容的两个极板相对有效面积；

　　　ε——两极板间介质的介电常数；

ε_0——真空介电常数，其值为 8.85×10^{-12} F/m；

ε_r——两极板间介质的相对介电常数；

d——两极板间的距离。

由上面公式可以看出，只要 A、ε 或 d 三者之一发生变化，就会使电容量发生变化。在实际应用中，往往只是改变 A、ε、d 中的一个参数而让另外两个参数保持不变，然后通过测量电路将电容量的变化转换为电信号输出。所以，电容式传感器一般分为 3 种类型：极距 d 变化型电容式传感器、介质（介电常数 ε）变化型电容式传感器和面积 A 变化型电容式传感器。

极距变化型电容式传感器一般用来测量微小的位移，面积变化型电容式传感器一般用来测量角位移或较大的线位移，介质变化型电容式传感器一般用来测量固体或液体的物位，也可用来测量介质的湿度、密度等参数。

4.1.1　极距变化型电容式传感器

在极距变化型电容式传感器中，一个极板位置固定不变，称为固定极板，另一极板位置可发生变化，称为动极板。如果动极板与定极板间的距离 d 发生变化，则电容量就会发生变化。因此，只要测出电容的变化量 ΔC，便可测得两极板间距离的变化量，即动极板的位移变化量 Δd，进而实现对相关物理量的测量。

平板电容式传感器的初始电容为

$$C_0 = \frac{\varepsilon \cdot A}{d} = \frac{\varepsilon_0 \cdot \varepsilon_r \cdot A}{d} \qquad (4-1)$$

如果由于某种原因，电容两个极板的间距缩小了 Δd，则此时的电容为

$$C = \frac{\varepsilon_0 \cdot \varepsilon_r \cdot A}{d - \Delta d} = \frac{\varepsilon_0 \cdot \varepsilon_r \cdot A}{d\left(1 - \dfrac{\Delta d}{d}\right)} = \frac{C_0}{1 - \dfrac{\Delta d}{d}} \qquad (4-2)$$

如果极板间距改变很小，那么 $\Delta d / d \ll 1$，则式（4-2）按照泰勒级数展开：

$$C = C_0 + \Delta C = C_0\left[1 + \frac{\Delta d}{d} + \left(\frac{\Delta d}{d}\right)^2 + \left(\frac{\Delta d}{d}\right)^3 + \cdots\right] \qquad (4-3)$$

如果忽略高次项，则

$$C = C_0 + \Delta C \approx C_0\left(1 + \frac{\Delta d}{d}\right) \qquad (4-4)$$

则

$$\Delta C = C - C_0 \approx C_0 \frac{\Delta d}{d} \qquad (4-5)$$

从式（4-5）得出结论，ΔC 与 Δd 为近似的线性关系。

如果定义极距变化型电容式传感器的灵敏度 $K=\dfrac{\Delta C}{\Delta d}$，则

$$K=\frac{\Delta C}{\Delta d}=\frac{C_0}{d}=\frac{\varepsilon_0 \cdot \varepsilon_r \cdot A}{d^2} \qquad (4-6)$$

极距变化型电容式传感器可用来测量微米到几毫米的微小线位移变化。为提高灵敏度，应减小极板间的初始间距，并在极板间放置介电常数较大的介质。

由式（4-6）可知，极板间距越小，极距变化型电容式传感器的灵敏度越高，但极板间距过小，容易引起电容器被击穿。为提高极距变化型电容式传感器的灵敏度和改善非线性，可采取差动式结构，如图 4.2 所示。在差动式极距变化型电容式传感器中，中间为动极

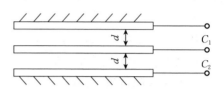

图 4.2　差动式极距变化型电容式
传感器的结构原理

板，两端为定极板。不论动极板平行向上移动还是平行向下移动，都会使其中一个电容器的两极板之间的距离减小，另一个电容器的两极板之间的距离增大。因此，一个电容器的电容随动极板移动距离 Δd 的减小而增大，而另一个电容器的电容则随着 Δd 的增大而减小。

假设图 4.2 所示的动极板向上移动，那么

$$C_1=\frac{C_0}{1-\Delta d}=C_0\left[1+\frac{\Delta d}{d}+\left(\frac{\Delta d}{d}\right)^2+\left(\frac{\Delta d}{d}\right)^3+\cdots\right] \qquad (4-7)$$

$$C_2=\frac{C_0}{1+\Delta d}=C_0\left[1-\frac{\Delta d}{d}+\left(\frac{\Delta d}{d}\right)^2-\left(\frac{\Delta d}{d}\right)^3+\cdots\right] \qquad (4-8)$$

所以，差动式极距变化型电容式传感器总的电容变化量

$$\Delta C=C_1-C_2=2C_0\left[\frac{\Delta d}{d}+\left(\frac{\Delta d}{d}\right)^3+\left(\frac{\Delta d}{d}\right)^5+\cdots\right] \qquad (4-9)$$

电容值的相对变化量为

$$\frac{\Delta C}{C_0}=2\frac{\Delta d}{d}\left[1+\left(\frac{\Delta d}{d}\right)^2+\left(\frac{\Delta d}{d}\right)^4+\cdots\right] \qquad (4-10)$$

当 $\Delta d\ll d$ 时，略去式（4-10）中的高次项，可得

$$\frac{\Delta C}{C_0}\approx2\frac{\Delta d}{d} \qquad (4-11)$$

所以，差动式极距变化型电容式传感器的灵敏度为

$$K=\frac{\Delta C}{\Delta d}=2\frac{C_0}{d}=2\frac{\varepsilon_0 \cdot \varepsilon_r \cdot A}{d^2} \qquad (4-12)$$

比较式（4-6）和式（4-12）可知，差动式极距变化型电容式传感器的

灵敏度较普通极距变化型电容式传感器的灵敏度提高了 1 倍，效果较好。因此，在实际应用中常采用差动式极距变化型电容式传感器。

4.1.2　面积变化型电容式传感器

根据面积变化的方式，面积变化型电容式传感器分为平面线位移面积变化型和角位移面积变化型电容式传感器。面积变化型电容式传感器适用于测量厘米数量级的位移变化。

1. 平面线位移面积变化型电容式传感器

如图 4.3 所示，平面线位移面积变化型电容式传感器是通过平行移动电容器的动极板引起电容器的两极板间有效面积改变的方式来改变电容器的电容量。

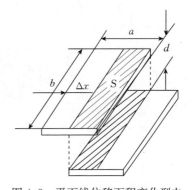

图 4.3　平面线位移面积变化型电容式传感器的结构原理

a. 极板宽度　*b*. 极板长度　*d*. 两极板间距

Δx. 极板沿宽度方向移动的距离

由图 4.3 可以看出，如果电容的一个极板沿水平方向平移 Δx，则

$$C=\frac{\varepsilon_0\varepsilon_\mathrm{r}b(a-\Delta x)}{d} \qquad (4-13)$$

所以

$$\Delta C=C-C_0=\frac{\varepsilon_0\varepsilon_\mathrm{r}b(a-\Delta x)}{d}-\frac{\varepsilon_0\varepsilon_\mathrm{r}ba}{d}=-\frac{\varepsilon_0\varepsilon_\mathrm{r}b\Delta x}{d} \qquad (4-14)$$

C_0 为初始电容，从式（4-14）可以看出，电容的变化量与水平位移 Δx 成线性关系。如果定义这种类型的电容传感器灵敏度为 $K=\dfrac{\Delta C}{\Delta x}$，则

$$K=\frac{\Delta C}{\Delta x}=-\frac{\varepsilon_0\varepsilon_\mathrm{r}b}{d} \qquad (4-15)$$

由式（4-15）可知，可采用增加极板长度 b、减小极板间距 d 或在极板间放置介电常数较大介质的方法来提高平面线位移面积变化型电容式传感器的灵敏度。

2. 角位移面积变化型电容式传感器

当电容的一个极板固定不动，另外一个极板转动角位移 θ 时，会导致两个极板之间的有效面积发生改变，进而导致电容量的大小发生改变，如图 4.4 所示。

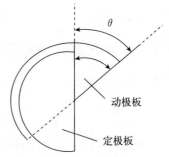

图 4.4　角位移面积变化型电容式传感器的结构原理

极板未移动时

$$C_0 = \frac{\varepsilon A}{d} \qquad (4-16)$$

式中　　d——极板间距；

A——两极板间有效面积。

当移动角位移 $\theta \neq 0$ 时，有

$$C = \frac{\varepsilon A}{d}\left(\frac{\pi-\theta}{\pi}\right) = \frac{\varepsilon A\left(1-\dfrac{\theta}{\pi}\right)}{d} = C_0\left(1-\frac{\theta}{\pi}\right) \qquad (4-17)$$

所以

$$\Delta C = C - C_0 = -C_0\,\frac{\theta}{\pi} \qquad (4-18)$$

从式（4-18）可知，角位移面积变化型电容式传感器的电容变化量与转动角位移的大小成线性关系。

如果定义这种类型的电容传感器的灵敏度为 $K_\theta = \dfrac{\Delta C}{\theta}$，则

$$K_\theta = \frac{\Delta C}{\theta} = -\frac{C_0}{\pi} \qquad (4-19)$$

3. 面积变化型电容式传感器的特性

（1）通过增大介电常数、极板边长（平面线位移面积变化型电容式传感器）或半径（角位移面积变化型电容式传感器）的方式可提高面积变化型电容式传感器的灵敏度。

（2）如果忽略电容的边缘效应，面积变化型电容式传感器的输出特性是线性的。

（3）测量范围较大，适合于厘米级的线位移和几十度的角位移测量。

面积变化型电容式传感器具有输出特性是线性的特点，常用于对尺寸、直线位移等的测量。

4.1.3　介质变化型电容式传感器

电容的公式为

$$C = \frac{\varepsilon \cdot A}{d} = \frac{\varepsilon_0 \cdot \varepsilon_r \cdot A}{d}$$

由上式可知，当电容式传感器的电介质改变时，即介电常数发生变化，会引起电容量发生变化。

介质变化型电容式传感器是通过介电常数的改变使传感器的电容量发生变

化的方式来实现对被测量的检测。介质变化型电容式传感器通常分为柱式和平板式两种。

介质变化型电容式传感器的结构形式较多，可以用来测量纸张的厚度，还可测量容器内的物位或液位高度等。图 4.5 为介质变化型平板电容式传感器的结构原理。

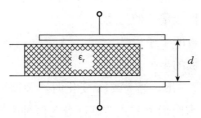

图 4.5 介质变化型平板电容式传感器的结构原理

ε_r. 电容器两极板间介质的相对介电常数 d. 两极板间的距离

常见介质的相对介电常数如表 4.1 所示。

表 4.1 常见介质的相对介电常数

介质名称	相对介电常数	介质名称	相对介电常数
真空	1	云母	7～9
空气	略大于 1	石墨	3.15
水	81	玻璃片	1.1～2.2
粮食	2.5～4.5	塑料粒	1.5～2.0
食用油	2～4	聚苯乙烯颗粒	1.05～1.5
石膏	1.8～2.5	石蜡	2.0～2.1
干燥煤粉	2.2	木头	2.8
柴油	2.1	玻璃	4.1
汽油	1.9	甲醇	32.7
纸	2.5	乙醇	24.5～25.7
橡胶	2～3	PVC 材料	3
沥青	3～5	雪	1～2

空气的相对介电常数近似等于 1，如果在电容器两极板间插入相对介电常数为 ε_r 的物质，则电容量发生了改变，通过测量电路测出电容改变量的大小，进而测出物质的厚度。介质变化型平板电容式传感器还可用来测量纸张、粮食、纺织品、煤和木材等非导电介质的湿度。

圆筒形电容式传感器的结构原理如图 4.6 所示。

在不考虑边缘效应情况的前提下，可用式（4-20）计算电容：

$$C = \frac{2\pi\varepsilon_0\varepsilon_r l}{\ln\dfrac{R}{r}} \qquad (4-20)$$

式中　ε_0——真空介电常数；

　　　ε_r——两极板间介质的相对介电常数；

　　　l——内外极板覆盖的高度；

　　　R——外极板的半径；

　　　r——内极板的半径。

从式（4-20）可以看出，当 l 或 ε_r 变化时，圆筒形电容式传感器的电容 C 将发生变化。所以，圆筒形电容式传感器分为两种类型，即面积变化型和介质变化型电容式传感器。

利用电容器的极板之间介质变化时电容量也随之发生相应变化的原理，可测量液位、料位以及测量两种不同液体的分界面。

液位指容器中液体表面的位置，料位指容器中固体粉料或颗粒的堆积高度的表面位置。

介质变化型圆筒形电容式液位传感器由两个同轴圆柱极板组成，如图 4.7 所示。

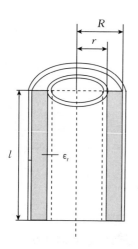

图 4.6　圆筒形电容式传感器
　　　　的结构原理

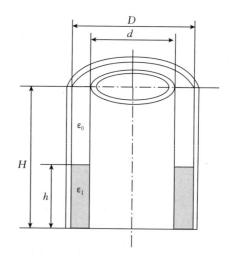

图 4.7　介质变化型圆筒形电容式
　　　　液位传感器的结构原理

假设 h 为被测液位的高度，H 为电容传感器的总高度，D 为外筒直径，d 为内筒直径，ε_0 为空气的介电常数，ε_1 为被测液体的介电常数。

液体介电常数为 ε_1 的介质极板部分的电容量为 $C_1 = \dfrac{2\pi\varepsilon_1 h}{\ln\left(\dfrac{D}{d}\right)}$，空气为介质

极板部分的电容量为 $C_2 = \dfrac{2\pi\varepsilon_0 (H-h)}{\ln\left(\dfrac{D}{d}\right)}$，则传感器的电容值为

$$
\begin{aligned}
C = C_1 + C_2 &= \frac{2\pi\varepsilon_1 h}{\ln\dfrac{D}{d}} + \frac{2\pi\varepsilon_0 (H-h)}{\ln\dfrac{D}{d}} \\
&= \frac{2\pi\varepsilon_0 H}{\ln\dfrac{D}{d}} + \frac{2\pi(\varepsilon_1-\varepsilon_0)h}{\ln\dfrac{D}{d}} \\
&= C_0 + \frac{2\pi(\varepsilon_1-\varepsilon_0)h}{\ln\dfrac{D}{d}}
\end{aligned}
\qquad (4-21)
$$

式（4-21）中的 C_0 是没有液体时的圆筒形电容器的电容量，大小由电容器的基本尺寸决定，C_0 可表示为

$$
C_0 = \frac{2\pi\varepsilon_0 H}{\ln\dfrac{D}{d}}
\qquad (4-22)
$$

所以，由电容的变化量为

$$
\begin{aligned}
\Delta C &= C - C_0 \\
&= \frac{2\pi\varepsilon_0 H}{\ln\dfrac{D}{d}} + \frac{2\pi(\varepsilon_1-\varepsilon_0)h}{\ln\dfrac{D}{d}} - \frac{2\pi\varepsilon_0 H}{\ln\dfrac{D}{d}} = \frac{2\pi(\varepsilon_1-\varepsilon_0)h}{\ln\dfrac{D}{d}}
\end{aligned}
\quad (4-23)
$$

由式（4-23）知，当 ε_1、D、d 不变时，圆筒形电容器的电容增量与被测液位高度成正比。因此，介质变化型圆筒形电容式传感器可以用来测量液位的高度。

4.2 电容式传感器的测量电路

电容式传感器输出的电容变化量非常微小，不能直接被仪表显示，无法通过记录仪进行记录，也不便于传输。因此，应使用测量电路检测出微小的电容变化量，并转换成与电容变化量成正比的电压、电流或频率信号，进而显示、传输和记录。

将电容变化量转换为电量的电路称为电容式传感器的转换电路。常用的转换电路有普通交流电桥测量电路、变压器电桥测量电路和运算放大器测量电路。

1. 普通交流电桥测量电路

普通交流电桥测量电路框图如图 4.8 所示。

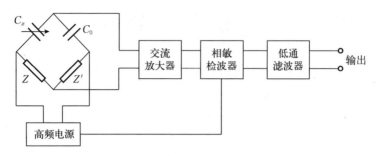

图 4.8　普通交流电桥测量电路框图

C_x. 传感器电容　C_0. 固定电容　Z'. 等效配接阻抗　Z. 固定阻抗

初始时，先将电桥初始状态调整为平衡。当传感器工作时，由于传感器电容 C_x 发生变化，导致电桥失去平衡，输出交流电压信号。输出的交流电压信号被交流放大器进行放大，然后经相敏检波器和低通滤波器处理后送给显示、记录仪器。

2. 变压器交流电桥测量电路

变压器交流电桥测量电路分为单臂接法和差动接法两种。为提高测量效果，常采用差动测量电桥，将电容传感器接在交流电桥的两个相邻臂上，另外两个桥臂为次级线圈，如图 4.9 所示。

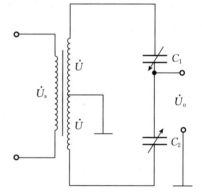

图 4.9　差动变压器交流电桥测量电路

当负载阻抗无穷大时，由图 4.9 可得，电桥的输出电压为

$$\dot{U}_o = \dot{U}_{C_2} - \dot{U} = \frac{Z_2}{Z_1 + Z_2} 2\dot{U} - \dot{U} = \frac{Z_2 - Z_1}{Z_1 + Z_2}\dot{U} = \frac{C_1 - C_2}{C_1 + C_2}\dot{U} \qquad (4-24)$$

其中

$$Z_1 = \frac{1}{j\omega C_1}, \quad Z_2 = \frac{1}{j\omega C_2} \qquad (4-25)$$

图 4.9 中，C_1、C_2 为极距变化型电容式传感器。

（1）传感器处于初态时，两个差动式电容传感器的电容相等，即 $C_1 = C_2 = C_0$，C_0 为差动变压器交流电桥平衡时的初始电容值，则 $\dot{U}_o = \frac{\Delta C}{C_0} \cdot \dot{U} = 0$。此时，电桥处于平衡状态。

（2）传感器工作时，电桥失去平衡，由于是差动接法，一个电容增加量等于另一个电容的较少量，假设 $C_1 = C_0 + \Delta C$，$C_2 = C_0 - \Delta C$，则

$$\dot{U}_o = \frac{C_0 + \Delta C - (C_0 - \Delta C)}{C_0 - \Delta C + C_0 + \Delta C} \dot{U} = \frac{\Delta C}{C_0} \dot{U} \qquad (4-26)$$

由式（4-26）可知，电桥输出电压 $\dot{U}_o$ 与差动电桥的电容变化量 ΔC 是线性关系。

3. 运算放大器测量电路

因为运算放大器有放大倍数无穷大、输入阻抗非常高的特点，所以可以作为电容式传感器理想的测量电路。

运算放大器测量电路如图 4.10 所示。

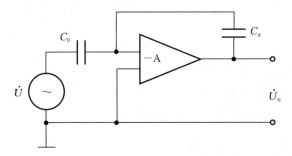

图 4.10　运算放大器测量电路

$\dot{U}$. 交流信号源电压　$\dot{U}_o$. 输出电压　C_0. 固定电容　C_x. 传感器电容

由图 4-10 得

$$\frac{\dot{U}_o}{\dot{U}} = -\frac{Z_x}{Z_0} = -\frac{C_0}{C_x} = -\frac{C_0 d}{\varepsilon A}$$

$$\dot{U}_o = -\dot{U} \frac{C_0}{\varepsilon A} d \qquad (4-27)$$

式中　A——电容传感器两极板间的有效面积；

$\qquad d$——电容传感器两极板间的距离；

$\qquad \varepsilon$——电容传感器两极板间的介电常数；

"－"号表示输出电压与电源电压反相。

由式（4-27）可知，当其他参数不变时，输出电压 $\dot{U}_o$ 与电容的两极板间的距离 d 成线性关系，从原理上保证了极距变化型电容式传感器的线性，从而克服了单个极距变化型电容式传感器的非线性问题，但要求运算放大器具有足够大的放大倍数和高输入阻抗。

4.3 电容式传感器的应用

4.3.1 电容式接近传感器

电容式接近传感器是一种新兴的传感技术，属于非接触式传感器。它具有成本低、可靠性高等优点，因此得到了广泛应用。

如图 4.11 所示，电容式接近传感器通常用于检测非金属物体，它的工作原理是根据被检测物体的有无，传感器检测面（正电极）与大地间的静电电容会发生变化，静电电容的增加会引起振荡回路动作。可知被检测物体的介电常数越大，静电电容也越大，越容易被检测。

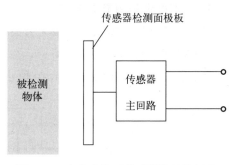

图 4.11　电容式接近传感器的结构原理

通常液体的介电常数较大，引起的电容变化量较大，检测距离因此也较长。

4.3.2 电容式压力传感器

图 4.12 所示是一个电容式压力传感器未受压力时的情况。电容式压力传感器可用来对流体或气体压力进行测量，其工作原理为当流体或气体压力作用于弹性膜片（电容的动极板）时，会使弹性膜片发生移动，弹性膜片的位置变化会导致电容器的电容量发生变化，从而引起由该电容组成的振荡器的振荡频率发生变化，如图 4.13 所示。通过对频率信号进行计数、编码，传输到显示部分即可显示压力变化值。

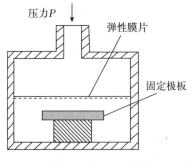

图 4.12　未受压力时的电容式
压力传感器结构

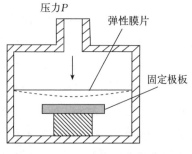

图 4.13　受到压力时的电容式
压力传感器结构

4.3.3　电容式触摸传感器

　　现代生活中人们每天使用的手机、平板电脑以及各种家用电器上面都有各种触摸开关和控制面板，它们都采用了触屏操作，大大方便了人们的操作，在它们里面都有触摸传感器。根据工作原理的不同，触摸传感器可以分为电阻式和电容式两种，最常用的是电容式触摸传感器。电容式触摸传感器一旦受到人体接触，就会使传感器的电容量发生变化，当电容变化量超过一定阈值时，传感器就将其当作一次触摸，并输出相应的电压信号给控制器。当控制器接收到此信号之后，会根据程序做出相应动作。电容式触摸传感器是智能硬件、互联网、人工智能中非常重要的基础硬件，在生活中也有非常重要的应用。

4.3.4　电容式声音传感器

　　声音是由物体振动产生的声波，是通过空气、液体或固体等介质传播并能被人或动物的听觉器官所感知的波动现象。声音测量属于非电量的测量，要实现声音测量，首先要解决的是如何将声音信号转换成电信号，而传声器在声音测量中能起到声电转换的作用。在声音测量过程中，先通过传声器将外界作用于其上的声信号转换成相应的电信号，然后将电信号输送给后面的电测系统以实现其测量。所以，声电换能的传声器，是实现声音测量最基本和最重要的器件。常用的声音传感器是电容式传感器，它的工作原理是用一种极薄的镀金膜和一个固定电极形成一个电容器，声波使得薄膜振动，引起电容器的电容量发生变化，产生电信号。

　　常见的电容式声音传感器是驻极体电容式传声器，如话筒或麦克风。驻极体电容式传声器是把电介质薄膜一个面做成电极，使其与固定电极保持平行，并放置在固定电极的对面，原理如图4.14所示。

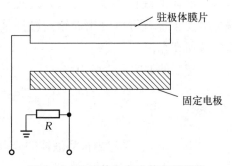

图4.14　驻极体电容式传声器原理

　　在这两个电极之间加上一个极电压，在薄膜的单位电极表面上产生感应电荷。在声波作用下，驻极体膜片会以一定的角频率发生振动，这样就会在电极间产生电信号。音量越大，在薄膜上产生的震动频率就会越大，产生出来的电信号就越大。驻极体电容式传声器的外形如图4.15所示。

图 4.15 驻极体电容式传声器的外形

4.3.5 电容式液位传感器

液位测量在工业生产中具有重要的地位。电容式液位传感器结构如图 4.16 所示。

为了在罐壁和测定电极之间形成电容器，需要将测定电极安装在储罐的顶部。

当被测液体注入储罐内，由于储罐内被测液体介电常数的影响，传感器的电容量将发生变化。电容变化量与储罐内被测液体的液面高度成正比，通过检测电容变化量就可以测出储罐内被测液体的液面高度。

传感器的电容变化量为

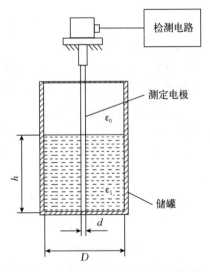

图 4.16 电容式液位传感器的结构原理

$$\Delta C = \frac{2\pi(\varepsilon_1 - \varepsilon_0)h}{\ln\dfrac{D}{d}} \qquad (4-28)$$

式中　ε_1——储罐内被测液体的介电常数；

　　　ε_0——空气的介电常数；

　　　h——储罐内被测液体的液面高度；

　　　D——储罐的内部直径；

　　　d——测定电极的直径。

由式（4-28）可以看出，电容器的电容变化量与储罐内被测液体的液面高度成线性关系，且 ε_1 和 ε_0 介电常数相差越大、D 与 d 相差越小，传感器的电容变化量就越大，电容式液位传感器的灵敏度就越高。

4.3.6　电容式指纹识别传感器

电容式指纹识别传感器是一种新型传感器，在一些防盗系统、高科技及重要的场合得到了广泛应用。

电容式指纹识别传感器中含有指纹传感芯片，芯片表面由若干电容传感器组成。当手指放在传感器上时，手指充当电容器的另外一个电极，因为手指的指纹纹路深浅不同，使硅表面电容阵列的各个电容电压不同。通过测量各点的电压值即可得到具有灰度级的指纹图像，从而达到辨别指纹的目的。

4.3.7　电容式湿度传感器

电容式湿度传感器的介质使用吸湿性很大的绝缘材料，在其两个侧面镀上多孔性电极。当相对湿度增大时，介质由于吸收空气中的水蒸气，水的相对介电常数约为 80，使电容式传感器两极板间介质的相对介电常数显著增加，所以导致电容传感器的电容量增大，通过检测电路进行测量，从而达到检测环境湿度的目的。

本　章　小　结

电容式传感器是一种将被测非电量的变化转换成电容量变化的装置，有极距变化型、面积变化型、介质变化型 3 种。电容式传感器具有结构简单、动态响应好、可实现非接触测量等优点，缺点是寄生电容影响大，输出特性非线性。电容式传感器常用于压力、液位、料位、振动、角度、加速度、成分含量等的测量。

本章详细讨论了极距变化型、面积变化型、介质变化型电容式传感器的结构和基本工作原理，介绍了电容式传感器的测量电路以及电容式传感器的典型应用，为应用和设计电容式传感器打下了基础。本章应重点掌握极距变化型、面积变化型、介质变化型电容式传感器的基本工作原理及电容式传感器的测量电路。

思 考 题 与 习 题

1. 什么是电容式传感器？

2. 简述电容式传感器的工作原理。

3. 电容式传感器有哪些优缺点？

4. 常用的电容式传感器分为哪几种类型？

5. 简述极距变化型电容式传感器的工作原理。

6. 如何改善单极距变化型电容式传感器的非线性和灵敏度？

7. 面积变化型电容式传感器分为哪几种类型？

8. 简述平面线位移面积变化型电容式传感器的工作原理。

9. 简述角位移面积变化型电容式传感器的工作原理。

10. 为什么极距变化型电容式传感器常采用差动式结构？

11. 简述介质变化型圆筒形电容式传感器的工作原理。

12. 电容式传感器的应用领域有哪些？

13. 为什么差动式极距变化型电容式传感器的灵敏度是普通极距变化型电容式传感器的 2 倍？

第 5 章　电感式传感器

　　电感式传感器是根据电磁感应原理，把被测物理量转换成线圈自感或互感系数的变化，由测量电路转换成电压或电流的变化量来实现非电量的测量。按转换原理的不同，电感式传感器分为自感型和互感型两种；按照结构方式不同，电感式传感器分为变气隙型、变导磁面积型、螺管型三种。

　　电感式传感器具有结构简单、灵敏度高、线性度好等优点，可实现对位移、振动、压力、流量等参数的测量。电感式传感器的缺点是频率响应低，不宜高频动态测量。

5.1　自感式传感器

5.1.1　自感式传感器的工作原理

　　自感式传感器是由于铁芯线圈磁路气隙的改变，引起磁路磁阻的改变，从而改变线圈自感的大小。传感器线圈分单线圈和双线圈两种。

　　自感式传感器的结构原理如图 5.1 所示。

　　衔铁为动铁芯，铁芯为定铁芯，δ 为铁芯与衔铁间的空气隙的厚度，$\Delta\delta$ 为衔铁移动的距离。

　　当线圈有交流电流流过时，将产生磁通，即

$$L = \frac{N\varphi}{I} \qquad (5-1)$$

图 5.1　自感式传感器的结构原理

1. 线圈　2. 铁芯　3. 衔铁　4. 气隙

式中　L——电感；

　　　　N——线圈匝数；

　　　　φ——穿过线圈的磁通；

　　　　I——线圈中的电流。

根据磁路欧姆定律

$$\varphi = \frac{NI}{R_{\mathrm{m}}} = \frac{NI}{\sum R_{\mathrm{m}i}}, \quad i = 1, 2, 3, \cdots, n \qquad (5-2)$$

式中　R_m——磁路总磁阻。

所以

$$L = \frac{N^2}{\sum R_{mi}}, \quad i=1,\ 2,\ 3,\ \cdots,\ n \qquad (5-3)$$

自感式传感器通常可分为变气隙型、变导磁面积型和螺管型。

5.1.2　变气隙型自感式传感器

如图 5.1 所示，磁路的总磁阻为

$$R_m = \frac{2\delta_0}{\mu_0 S_0} + \frac{l_1}{\mu_1 S_1} + \frac{l_2}{\mu_2 S_2} \qquad (5-4)$$

式中　μ_0——空气的导磁率；

　　　δ_0——气隙的长度；

　　　S_0——气隙的截面积；

　　　μ_1——铁芯的导磁率；

　　　l_1——铁芯的长度；

　　　S_1——铁芯的截面积；

　　　μ_2——衔铁的导磁率；

　　　l_2——衔铁的长度；

　　　S_2——衔铁的截面积。

式（5-4）中的第 1 项为气隙的磁阻，第 2 项为铁芯的磁阻，第 3 项为衔铁的磁阻。

一般情况下，导磁体的磁阻与空气隙磁阻相比是很小的，因而磁路的总磁阻主要由气隙的磁阻所决定。因此，式（5-4）可变为

$$R_m \approx \frac{2\delta_0}{\mu_0 S_0} \qquad (5-5)$$

因此，线圈的电感可表示为

$$L_0 = \frac{N^2}{R_m} = \frac{N^2 \mu_0 S_0}{2\delta_0} \qquad (5-6)$$

由式（5-6）可知，变气隙型自感式传感器的电感量与气隙的长度呈非线性关系，且电感量随气隙的增大而减小。为了减小非线性，气隙的相对变化量要很小，但过小又将影响测量范围。所以，要兼顾考虑这两个方面。

移动衔铁的位置，即通过改变气隙的长度，引起线圈自感的变化，实现位移到电感量变化的转换。

变气隙型自感式传感器工作时分两种情况：

（1）当衔铁上移时，则气隙减小，假设减小的值为 $\Delta\delta$，根据式（5-6）可知，电感量将增加，此时电感为

$$L=\frac{N^2\mu_0 S_0}{2(\delta_0-\Delta\delta)}=\frac{N^2\mu_0 S_0}{2\delta_0\left(1-\dfrac{\Delta\delta}{\delta_0}\right)}=\frac{L_0}{1-\dfrac{\Delta\delta}{\delta_0}} \tag{5-7}$$

因为 $\dfrac{\Delta\delta}{\delta_0}\ll 1$，所以式（5-7）用泰勒级数展开为

$$L=L_0\left[1+\frac{\Delta\delta}{\delta_0}+\left(\frac{\Delta\delta}{\delta_0}\right)^2+\cdots\right] \tag{5-8}$$

所以

$$\Delta L=L-L_0=L_0\frac{\Delta\delta}{\delta_0}\left[1+\frac{\Delta\delta}{\delta_0}+\left(\frac{\Delta\delta}{\delta_0}\right)^2+\cdots\right] \tag{5-9}$$

即

$$\frac{\Delta L}{L_0}=\frac{\Delta\delta}{\delta_0}\left[1+\frac{\Delta\delta}{\delta_0}+\left(\frac{\Delta\delta}{\delta_0}\right)^2+\cdots\right] \tag{5-10}$$

因为 $\dfrac{\Delta\delta}{\delta_0}\ll 1$，所以

$$\frac{\Delta L}{L_0}\approx\frac{\Delta\delta}{\delta_0} \tag{5-11}$$

所以，变气隙型自感式传感器的灵敏度 K 为

$$K=\frac{\Delta L/L_0}{\Delta\delta}\approx\frac{1}{\delta_0} \tag{5-12}$$

由式（5-12）可知，灵敏度随着气隙的减小而增大。

（2）当衔铁向下移动时，可知气隙增大，假设增量为 $\Delta\delta$，可知电感量将减小，此时电感为

$$L=\frac{N^2\mu_0 S_0}{2(\delta_0+\Delta\delta)}=\frac{N^2\mu_0 S_0}{2\delta_0\left(1+\dfrac{\Delta\delta}{\delta_0}\right)}=\frac{L_0}{1+\dfrac{\Delta\delta}{\delta_0}} \tag{5-13}$$

因为 $\dfrac{\Delta\delta}{\delta_0}\ll 1$，所以式（5-13）用泰勒级数展开为

$$L=L_0\left[1-\frac{\Delta\delta}{\delta_0}+\left(\frac{\Delta\delta}{\delta_0}\right)^2-\cdots\right] \tag{5-14}$$

所以

$$\Delta L=L-L_0=-L_0\frac{\Delta\delta}{\delta_0}\left[1-\frac{\Delta\delta}{\delta_0}+\left(\frac{\Delta\delta}{\delta_0}\right)^2-\cdots\right] \tag{5-15}$$

即

$$\frac{\Delta L}{L_0} = -\frac{\Delta \delta}{\delta_0}\left[1 - \frac{\Delta \delta}{\delta_0} + \left(\frac{\Delta \delta}{\delta_0}\right)^2 - \cdots\right] \qquad (5-16)$$

因为 $\frac{\Delta \delta}{\delta_0} \ll 1$，所以

$$\frac{\Delta L}{L_0} \approx -\frac{\Delta \delta}{\delta_0} \qquad (5-17)$$

所以

$$K = \left|\frac{\Delta L / L_0}{\Delta \delta}\right| \approx \left|-\frac{1}{\delta_0}\right| = \frac{1}{\delta_0} \qquad (5-18)$$

单线圈变气隙型自感式传感器虽然结构简单，但由于线圈中有交流励磁电流，易受电源电压、频率波动及温度变化等外界干扰因素的影响，输出易产生误差，非线性也较严重。因此，在实际工作中常采用差动式结构，这样既可提高变气隙型自感式传感器的灵敏度，又可减小非线性误差。

5.1.3　差动变气隙型自感式传感器

在实际使用中，为了使单线圈变气隙型自感式传感器的输出特性能得到有效改善，通常采用两只完全对称的单线圈自感式传感器共用一个活动衔铁构成差动结构形式的自感式传感器，两个线圈的电气参数和几何尺寸要完全相同。差动式结构除可改善线性度和提高灵敏度外，还可补偿温度变化、电源频率变化等的影响。工作时，当被测量通过导杆使衔铁上下位移时，两个回路中磁阻发生大小相等、方向相反的变化，导致一个线圈的电感量增加，另一个线圈的电感量减小，形成差动输出。

差动变气隙型自感式传感器的结构原理如图 5.2 所示，两个线圈的参数完全相同，从而减小了外界影响造成的误差。测量时，衔铁通过导杆与被测物体相连，导杆带动衔铁以相同的位移上下移动。当活动衔铁位于中间位置（位移为零）时，两线圈的电感 L_0 相等，输出为零，设 δ_0 为此时衔铁与气隙间的距离。当衔铁有位移 $\Delta \delta$ 时，两个

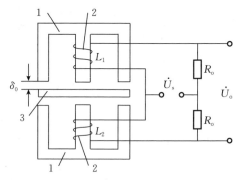

图 5.2　差动变气隙型自感式传感器的结构原理
1. 铁芯　2. 线圈　3. 衔铁

线圈的间隙分别为 $\delta_0 - \Delta \delta$ 和 $\delta_0 + \Delta \delta$，则一个线圈的电感量增加，而另一个线圈的电感量减小，形成差动形式。

假设衔铁上移 $\Delta \delta$ 的大小，则两个线圈的电感分别为

$$L_1 = L_0 \left[1 + \frac{\Delta\delta}{\delta_0} + \left(\frac{\Delta\delta}{\delta_0}\right)^2 + \cdots \right]$$

$$L_2 = L_0 \left[1 - \frac{\Delta\delta}{\delta_0} + \left(\frac{\Delta\delta}{\delta_0}\right)^2 - \cdots \right] \quad (5-19)$$

式中　L_1——上面线圈的电感；

　　　L_2——下面线圈的电感。

所以

$$\Delta L = L_1 - L_2 = 2L_0 \frac{\Delta\delta}{\delta_0} \left[1 + \left(\frac{\Delta\delta}{\delta_0}\right)^2 + \left(\frac{\Delta\delta}{\delta_0}\right)^4 + \cdots \right] \quad (5-20)$$

因为 $\frac{\Delta\delta}{\delta_0} \ll 1$，所以忽略高次项后得到

$$\frac{\Delta L}{L_0} \approx \frac{2\Delta\delta}{\delta_0} \quad (5-21)$$

$$K = \frac{\Delta L / L_0}{\Delta\delta} \approx \frac{2}{\delta_0} \quad (5-22)$$

式中　K——差动变气隙型自感式传感器的灵敏度。

综合以上可得出以下结论：

（1）差动变气隙型自感式传感器灵敏度较高，输出灵敏度较非差动变气隙型自感式传感器提高了 1 倍。

（2）差动变气隙型自感式传感器改善了线性特性，非线性误差减小了一个数量级。

（3）采用差动结构还能抵消温度变化、电源波动、外界干扰、电磁吸力等因素对传感器的影响。

5.1.4　变导磁面积型自感式传感器

变导磁面积型自感式传感器是指保持气隙长度不变，采用改变铁芯和衔铁之间的相对遮盖面积方式的自感式传感器，单线圈变导磁面积型自感式传感器的结构原理如图 5.3 所示。

工作原理如下：

设气隙总长度为 $2\delta_0$（两端之和），铁芯横截面 $A = a \cdot b$，其中，a、b 为铁芯矩形截面的边长，x 为

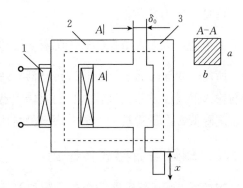

图 5.3　单线圈变导磁面积型自感式
传感器的结构原理
1. 线圈　2. 铁芯　3. 衔铁

衔铁位移量，μ_0 为空气导磁率，则衔铁移动前的电感 L_0 和衔铁移动后的电感 L 分别为

$$L_0 = \frac{N^2\mu_0 A}{2\delta_0} \qquad (5-23)$$

$$L = \frac{N^2\mu_0 b(a-x)}{2\delta_0} \qquad (5-24)$$

所以

$$\Delta L = L_0 - L = \frac{N^2\mu_0 A}{2\delta_0} - \frac{N^2\mu_0 b(a-x)}{2\delta_0}$$

$$= \frac{N^2\mu_0 A}{2\delta_0} - \frac{N^2\mu_0 ab}{2\delta_0} + \frac{N^2\mu_0 bx}{2\delta_0} \qquad (5-25)$$

因为 $A = a \times b$，所以

$$\frac{N^2\mu_0 ab}{2\delta_0} = \frac{N^2\mu_0 A}{2\delta_0} \qquad (5-26)$$

所以

$$\Delta L = \frac{N^2\mu_0 bx}{2\delta_0} = L_0 \frac{x}{a} \qquad (5-27)$$

所以，电感的相对变化量为

$$\frac{\Delta L}{L_0} = \frac{x}{a} \qquad (5-28)$$

单线圈变导磁面积型自感式传感器的灵敏度为

$$K = \frac{\Delta L/L_0}{x} = \frac{1}{a} \qquad (5-29)$$

可见，K 为常数。

如果变导磁面积型自感式传感器采用差动结构，可知其灵敏度 $K = \frac{2}{a}$。

所以，变导磁面积型自感式传感器在忽略气隙磁通边缘效应的条件下，输出与输入呈线性，与变气隙型自感式传感器相比，变导磁面积型自感式传感器灵敏度降低，但量程较大，通常用来测量比较大的位移量。

5.1.5　螺管型自感式传感器

螺管型自感式传感器分为单线圈和差动式两种结构形式。单线圈螺管型自感式传感器的结构原理如图 5.4 所示，单线圈螺管型自感式传感器的主要元件为一只螺管线圈、一根圆柱形铁芯及磁性套筒。传感器工作时，铁芯在螺管线圈

内部运动，其工作原理是随着活动铁芯插入深度的不同，引起线圈泄露路径中磁阻发生变化，从而使线圈电感 L 发生变化，线圈电感量变化的大小与活动铁芯插入线圈的深度有关。

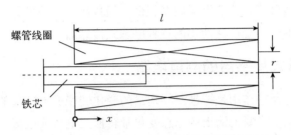

图 5.4　单线圈螺管型自感式传感器的结构原理

螺管型自感式传感器根据其磁路结构，磁通主要由两部分组成：磁通沿轴向贯穿整个线圈后闭合的为主磁通，另外经铁芯侧面气隙闭合的侧磁通称为漏磁通。由于铁芯在开始插入或几乎离开线圈时的灵敏度比铁芯插入线圈的 1/2 长度时的灵敏度小得多，因此，只有在线圈中段才有可能获得较高的灵敏度，并且有较好的线性特性。

设线圈长度为 l，线圈的平均半径为 r，线圈的匝数为 N，铁芯进入线圈的长度为 l_a，铁芯的半径为 r_a，空气的导磁率为 μ_0，铁芯的相对导磁率为 μ_r，当 $l \gg r$ 且铁芯长度小于线圈长度时，线圈的电感量 L 与铁芯进入线圈的长度 l_a 的关系可表示为

$$L = \frac{\mu_0 \pi N^2}{l^2} \left[lr^2 + (\mu_r - 1) l_a r_a^2 \right] \tag{5-30}$$

可见，线圈电感量的大小与铁芯插入线圈的深度有关。

在实际应用中，为了提高灵敏度和线性度，常采用差动结构的螺管型自感式传感器，即使用双螺管线圈差动型自感式传感器，采用差动形式的输出。这种结构的传感器是将铁芯置于两个线圈中间，在初始位置时，铁芯位于气隙的中间，两线圈的电感值为 $L_1 = L_2 = L_0$，总电感的变化量等于零；当铁芯移动时，会使两个线圈的电感产生相反方向的增减，然后利用电桥将两个电感接入电桥的相邻桥臂，与单个线圈工作方式相比，双螺管线圈差动型传感器具有更高的灵敏度和更好的线性度。

螺管型自感式传感器灵敏度较低，但量程大且结构简单，是广泛使用的一种电感式传感器。

对比变气隙型、变导磁面积型和螺管型 3 种形式的自感式传感器，可得出以下结论：

（1）变气隙型自感式传感器灵敏度较高，但非线性误差较大，量程小，制造装配困难。

（2）变导磁面积型自感式传感器灵敏度较低，但线性较好，量程较大。

（3）螺管型自感式传感器灵敏度较低，但量程大、线性好，且结构简单易于制作和批量生产，是广泛使用的一种电感式传感器。

5.1.6　自感式传感器的测量电路

自感式传感器的作用是把被测物理量的变化转变成电感量的变化。为了测出电感量的变化，需要把测出的电感变化量转换成电压或电流信号。因此，需要用到转换电路。

交流电桥是自感式传感器主要的测量电路，其作用是将线圈电感量的变化转换成电桥电路的电压或电流输出。因为差动式结构可以提高灵敏度和改善线性度，所以交流电桥中通常将电感传感器的两个线圈作为电桥的两个桥臂，电桥的平衡臂可以是纯电阻，也可以是变压器的二次侧绕组。前者称为电阻平衡臂交流电桥（普通电桥），后者称为变压器交流电桥。

变压器交流电桥如图 5.5 所示，电桥的两臂 Z_1 和 Z_2 为差动自感式传感器中的两个线圈的阻抗，另两臂为电源变压器次级线圈的两半（每一半的电压为 $\dot{U}/2$），输出电压取自 A、B 两点。假定 O 点为参考零电位，则 A 点的电压 $\dot{U}_A = \dfrac{Z_1}{Z_1 + Z_2}\dot{U}$，$B$ 点的电位 $\dot{U}_B = \dfrac{\dot{U}}{2}$，当负载阻抗为无穷大时，桥路输出电压为

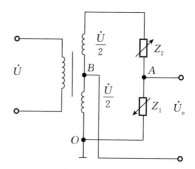

图 5.5　变压器交流电桥

$$\dot{U}_o = \dot{U}_A - \dot{U}_B = \frac{Z_1}{Z_1 + Z_2}\dot{U} - \frac{1}{2}\dot{U} = \frac{Z_1 - Z_2}{Z_1 + Z_2}\frac{\dot{U}}{2} \qquad (5-31)$$

当衔铁处于中间位置时，由于两线圈完全对称，因此 $Z_1 = Z_2 = Z$，代入式（5-31），得 $\dot{U}_o = 0$，此时电桥处于平衡状态。

当衔铁向下移动时，下面线圈的阻抗增加，即 $Z_1 = Z + \Delta Z$，而上面线圈的阻抗减小，即 $Z_2 = Z - \Delta Z$，故此时的输出电压为

$$\dot{U}_o = \frac{Z_1 - Z_2}{Z_1 + Z_2}\frac{\dot{U}}{2} = \frac{\Delta Z}{Z}\frac{\dot{U}}{2} \qquad (5-32)$$

同理,当传感器衔铁上移同样大小的距离时,可推得

$$\dot{U}_\circ = -\frac{\Delta Z}{Z}\frac{\dot{U}}{2} \qquad (5-33)$$

通过分析可知,当衔铁向上移动和向下移动相同距离时,输出电压大小相等,但相位相反。但由于电源电压 $\dot{U}$ 是交流信号,输出指示无法判断位移方向,需要配合相敏检波电路处理才可解决。

变压器交流电桥与电阻平衡交流电桥相比,优点是元件少,输出阻抗小,桥路开路时电路呈线性;缺点是变压器副边不接地,易引起来自原边的静电感应电压,使高增益放大器不能工作。

5.2　互感式传感器

把被测的非电量变化转换为线圈互感变化的传感器称为互感式传感器。这种类型的传感器组成部分主要包括铁芯、一次绕组和二次绕组。一、二次绕组间的耦合能随活动铁芯的移动而变化。互感式传感器本身就是变压器,由于其二次侧接成差动形式(相同的同名端相接),因此也称为差动变压器式电感传感器,简称为差动变压器。在一次侧接入激励电源后,二次侧因互感而产生感应电动势输出。当两者之间互感量变化时,输出感应电动势将产生相应的变化。

差动变压器按结构形式分为变气隙型、变面积型和螺管型 3 种。在实际应用中,多采用螺管型差动变压器,其优点是精度高、灵敏度高、结构简单、性能可靠,作为位移传感器得到了广泛应用。

在差动变压器的一次侧绕组通以适当频率的激励电压 $\dot{U}_1$,当活动铁芯随被测量的变化做上、下移动时,一次侧绕组对两个对称的二次侧绕组之间的互感也作相应的变化。因此,两个二次侧绕组的感应电动势 $\dot{E}_{2a}$ 和 $\dot{E}_{2b}$ 也做相应的变化,从而将位移转换成输出电压 $\dot{U}_\circ$。

1. 结构

螺管型差动变压器主要由活动铁芯、骨架以及两个或多个二次线圈组成,线圈由初级线圈和次级线圈组成,线圈中插入圆柱形铁芯。初级线圈作为差动变压器激励用,相当于变压器的原边,而次级线圈由结构尺寸和参数相同的两个线圈反相串接而成,相当于变压器的副边。螺管型差动变压器根据初、次级排列不同有二段式、三段式、四段式和五段式等形式。图 5.6 所示为三段式螺管型差动变压器结构,即线圈骨架分成 3 段,中间为初级线圈,上下为次级线

圈。线圈绕制方式多为初级在内，次级在外。

当原边绕组通以交流激励电压作用时，在变压器副边的两个线圈里就会感应出完全相等的感应电势。由于是反向串联，因此这两个感应电势相互抵消，从而使传感器在平衡位置的输出为零。

当活动铁芯产生一位移时，由于磁阻的影响，两个副边绕组的磁通将发生一正一负的差动变化，导致其感应电势也发生相应的改变，使传感器有一对应于活动铁芯位移的电压输出量。在传感器的量程内，活动铁芯位移越大，差动输出电动势就越大。

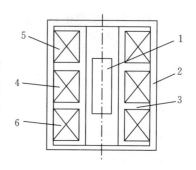

图5.6　三段式螺管型差动变压器结构
1. 活动铁芯　2. 导磁外壳　3. 骨架
4. 匝数为 W_1 的初级绕组
5. 匝数为 W_{2a} 的次级绕组
6. 匝数为 W_{2b} 的次级绕组

差动变压器与一般变压器相比其磁路是不闭合的，一般变压器的初次级间的互感系数是常数，差动变压器的初次级之间的互感是随活动铁芯的移动而做相应变化。差动变压器的工作正是建立在互感变化的基础上。

螺管型差动变压器式传感器在工作时两个副边绕组接成反向串联电路，在线圈品质因数 Q 足够高的前提下，可忽略铁损、磁损及线圈分布电容的影响，其等效电路如图5.7所示。其中，r_{2a}、r_{2b} 为两次级线圈等效电阻，L_{2a}、L_{2b} 为两次级线圈等效电感。

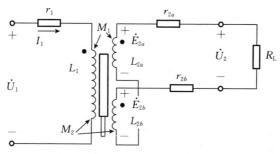

图5.7　螺管型差动变压器等效电路

2. 工作原理

当初级绕组加以激励电压 $\dot{U}_1$ 时，根据变压器的工作原理，在两个次级绕组 W_{2a} 和 W_{2b} 中，便会产生感应电势 $\dot{E}_{2a}$ 和 $\dot{E}_{2b}$。如果工艺上保证变压器结构完全对称，则当活动衔铁处于初始平衡位置时，必然会使两互感 $M_1 = M_2$。根据电磁感应原理，将有 $\dot{E}_{2a} = \dot{E}_{2b}$。由于变压器两次级绕组反相串联，因而 $\dot{U}_2 = \dot{E}_{2a} - \dot{E}_{2b} = 0$，即差动变压器输出电压为零。

当活动铁芯向上移动时，由于磁阻的影响，W_{2a} 中的磁通将大于 W_{2b} 中的磁通，使 $M_1 > M_2$，因而 $\dot{E}_{2a}$ 增加，而 $\dot{E}_{2b}$ 减小；反之，当活动铁芯向下移动时，$\dot{E}_{2b}$ 增加，$\dot{E}_{2a}$ 减小。因为 $\dot{U}_2 = \dot{E}_{2a} - \dot{E}_{2b}$，所以当 $\dot{E}_{2a}$、$\dot{E}_{2b}$ 随着活动铁芯位移 x 变化时，$\dot{U}_2$ 也必将随活动铁芯位移的变化而变化。

根据差动变压器等效电路，当次级开路时，初级线圈激励电流为

$$\dot{I}_1 = \frac{\dot{U}_1}{r_1 + j\omega L_1} \tag{5-34}$$

式中　$\dot{U}_1$——初级线圈的激励电压；

ω——初级线圈电压 $\dot{U}_1$ 的角频率；

r_1——初级线圈等效电阻；

L_1——初级线圈等效电感；

$\dot{I}_1$——初级线圈的激励电流。

根据电磁感应定律，次级绕组中感应电动势的表达式分别为

$$\dot{E}_{2a} = -j\omega M_1 \dot{I}_1$$

$$\dot{E}_{2b} = -j\omega M_2 \dot{I}_1 \tag{5-35}$$

式中　M_1、M_2——初级线圈与两次级线圈的互感系数；

$\dot{E}_{2a}$、$\dot{E}_{2b}$——两次级线圈感应电动势。

由于变压器两次级绕组反相串联，且考虑到次级开路，则由以上关系可得输出电压为

$$\dot{U}_2 = \dot{E}_{2a} - \dot{E}_{2b} = -\frac{j\omega(M_1 - M_2)\dot{U}_1}{r_1 + j\omega L_1} \tag{5-36}$$

输出电压的有效值为

$$U_2 = \frac{\omega(M_1 - M_2)U_1}{\sqrt{r_1^2 + (\omega L_1)^2}} \tag{5-37}$$

式（5-37）说明，当激磁电压的幅值 U_1 和角频率 ω、初级绕组的电阻 r_1 及电感 L_1 为定值时，差动变压器输出电压仅仅是初级绕组与两个次级绕组之间互感之差的函数。

只要求出互感 M_1 和 M_2 对活动铁芯位移的关系式，就可得到螺管型差动变压器的基本特性表达式。

输出阻抗

$$Z = r_{2a} + r_{2b} + j\omega L_{2a} + j\omega L_{2b} = r_2 + j\omega L_2 \tag{5-38}$$

（1）当活动铁芯处于中间位置时。

$$M_1 = M_2 = M_0$$

$$\dot{E}_{2a} = \dot{E}_{2b} = -j\omega M_0 \ \dot{I}_1$$

$$\dot{U}_2 = 0 \qquad\qquad (5-39)$$

（2）当活动铁芯偏离中间位置时。

① 当活动铁芯向上方移动时，有

$$M_1 = M_0 + \Delta M$$

$$M_2 = M_0 - \Delta M \qquad\qquad (5-40)$$

M_0 为初始平衡互感，故

$$U_2 = \frac{2\omega\Delta M U_1}{\sqrt{r_1^2 + (\omega L_1)^2}} \qquad\qquad (5-41)$$

与 $\dot{E}_{2a}$ 同极性。

② 当活动铁芯向下方移动时，有

$$M_1 = M_0 - \Delta M$$

$$M_2 = M_0 + \Delta M \qquad\qquad (5-42)$$

故

$$U_2 = -\frac{2\omega\Delta M U_1}{\sqrt{r_1^2 + (\omega L_1)^2}} \qquad\qquad (5-43)$$

与 $\dot{E}_{2b}$ 同极性。

可知，U_2 与 ΔM 成正比。

由式（5-41）和式（5-43）可知，螺管型差动变压器式传感器的输出电压与互感的相对变化量成正比。

5.3　电感式传感器的应用

电感式传感器的应用很广泛，可用来测量振动、厚度、液位、流量和压力等很多物理量。

5.3.1　电感式接近传感器

传统的限位开关是通过机械接触的方式来检测被测物体的位置的。在工业自动化领域，随着自动化程度的提高，为了替代限位开关等接触式检测方式，常采用无须接触检测对象就可进行检测的接近传感器。接近传感器又称接近开关，接近传感器与被测物之间不需要机械接触就可达到检测的目的，它是替代传统的限位开关等接触式检测的理想方式，它具有不损伤检测对象、寿命长、耐环境、高速响应等优点。

接近传感器根据工作原理可以分为电感式和电容式。

电感式接近传感器一般用于检测金属物体，它的工作原理如下：

（1）传感器通电后，通过高频振荡器使线圈发出高频磁场，被检测物体接近传感器时，表面产生涡电流，涡电流又引发反向的感应磁场。

（2）振荡器受到反向的感应磁场影响逐渐减弱并停止振荡，通过振荡器振荡信号的有无来控制输出。

检测对象应具备产生感应电流的能力，否则不能被检测出来。产生感应电流能力越强，则检测距离越长，即检测对象产生感应电流能力的强弱与检测对象的检测距离成正比。

铁材质的物体产生感应电流的能力较强，因此检测距离也较长；铝材质的物体产生感应电流的能力较弱，因此检测距离较短。

5.3.2　变气隙型电感压力传感器

自感式传感器直接检测的非电量参数是微小位移，配合各种敏感元件，它也可以实现对能够转换为微小位移的其他非电量参数的检测。

变气隙型电感压力传感器的结构原理如图 5.8 所示，下面为膜盒，上面为变气隙型电感式传感器，衔铁与膜盒的顶端连接在一起。当膜片两侧面存在压差时，在压力 P 的作用下使膜盒的顶端产生位移，膜片将弯向压力低的一侧，膜片带动衔铁产生了位移，位移的大小与压力 P 的大小是成正比的，即压力较大时，衔铁移动的位移较大；反之，压力较小时，衔铁移动的位移也较小，因此传感器将压力变换为直线位移。衔铁的移动使衔铁与铁芯之间气隙发生了变化，使得流过线圈的电流发生相应的变化，流过电路电流表 A 中电流的大小就反映了被测压力的大小。

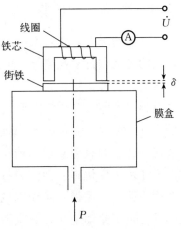

图 5.8　变气隙型电感压力
传感器的结构原理

5.3.3 差动变气隙型电感压力传感器

为提高测量精度，可采用差动变气隙型电感压力传感器进行测量。差动变气隙型电感压力传感器的结构原理如图 5.9 所示，主要由差动式电感传感器和 C 形弹簧管组成，C 形弹簧管的自由端与衔铁连接在一起，压力 P 从 C 形弹簧管进入。进入 C 形弹簧管的被测压力会使 C 形弹簧管产生变形，使 C 形弹簧管的自由端产生位移变化，会带动与自由端连接成一

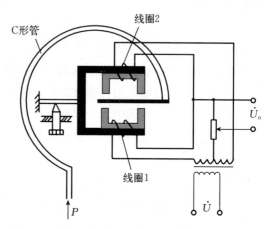

图 5.9 差动变气隙型电感压力传感器的结构原理

体的衔铁运动，衔铁的运动使得衔铁与铁芯间的距离发生变化，使得线圈 1 和线圈 2 中的电感发生变化，两个电感变化的大小相等、符号相反。也就是说，位移减小的电感传感器的电感量增大，位移增大的电感传感器的电感量减小。通过电桥电路将电感的这种变化转换成电压输出。因为输出电压与被测压力之间是成比例关系的，所以可通过检测仪表对输出电压进行测量，就得到了被测压力的大小。

5.3.4 电感式测微仪

在某些情况下，要对微小的位移进行测量，如测量零件的尺寸、位移，或对产品的分选和自动检测等，可采用电感式测微仪。它是一种测量微小尺寸变化很常见的一种工具。

电感式测微仪的结构原理如图 5.10 所示，测量杆与衔铁连接在一起。如有微小位移或工件的尺寸发生变化则会使测量杆带动衔铁移动，使得两线圈内的电感量发生了差动变化，其交流阻抗发生相应的变化，使电桥失去了平衡，会输出一个幅值与位移成正比、频率与振荡器频率相

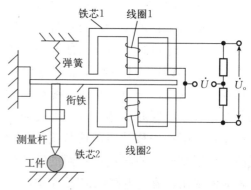

图 5.10 电感式测微仪的结构原理

同、相位与位移方向对应的调制信号。接着对该信号进行放大、相敏检波，就得到了一个与衔铁位移相对应的直流电压信号，直流电压信号的大小反映了位移的大小。

5.3.5 电感式加速度传感器

可以采用电感式加速度传感器来测量运动物体的加速度，结构如图 5.11 所示。

当要测定振动物体的振幅和频率时，需要使传感器的激磁频率大于振动频率的 10 倍，这样才能得到比较准确的测量结果。

5.3.6 电感式液位高度检测传感器

如图 5.12 所示，电感式液位高度检测传感器包括放大器、相敏检波、显示和振荡器等部分。当液位高度不变时，衔铁处于中间位置，此时没有电压输出。当液位发生变化时，沉筒所受浮力也将产生变化。这一变化将转变成衔铁的位移，使电感发生了变化，从而改变了差动变压器的输出电压。输出电压经过交流放大、相敏检波，得到液位的高度并显示出来，这个输出值反映了液位的变化值。

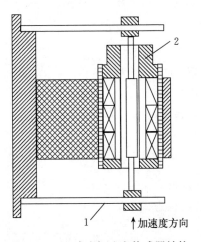

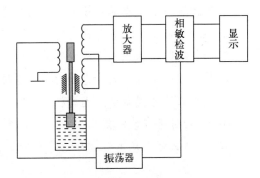

图 5.11 电感式加速度传感器结构
1. 弹性支柱 2. 差动变压器

图 5.12 电感式液位高度检测传感器原理

本 章 小 结

电感式传感器是根据电磁感应原理，把被测物理量转换成线圈的自感或互感系数的变化来实现非电量测量的装置。自感式传感器通过铁芯线圈磁路气隙的改变，引起磁路磁阻的改变，从而改变线圈自感的大小。自感式传感器分为变气隙型、变导磁面积型和螺管型 3 种。为提高自感式传感器的灵敏度，减小测试误差，常采用差动式结构。互感式传感器是把被测的非电量变化转换为线圈互感变化的传感器。互感传感器又称为差动变压器，差动变压器的结构形式分为变气隙型、变面积型和螺管型 3 种。

电感式传感器具有结构简单、灵敏度高、线性度好等优点，可实现对位移、振动、压力、流量等参数的测量。电感传感器的缺点是频率响应低、不宜高频动态测量。

本章详细讨论了自感式传感器和互感式传感器的分类、结构和基本工作原理，最后介绍了电感式传感器的典型应用，为应用和设计电感式传感器打下了基础。学习本章应重点掌握自感式传感器和互感式传感器的工作原理。

思考题与习题

1. 什么是电感式传感器？

2. 电感式传感器有哪些种类？

3. 简述自感式传感器的工作原理。

4. 自感式传感器通常分为哪几种类型？

5. 简述变气隙型自感式传感器的工作原理。

6. 简述差动变气隙型自感式传感器的工作原理。

7. 简述变导磁面积型自感式传感器的工作原理。

8. 简述螺管型自感式传感器的工作原理。

9. 电感式传感器有哪些优点和缺点？

10. 比较自感式传感器与互感式传感器的区别。

11. 为什么电感式传感器一般常采用差动结构形式？

第 6 章　压电式传感器

压电式传感器是典型的有源传感器，石英、陶瓷是具有压电效应的材料，压电式传感器以压电效应为工作原理，一些物质在外力作用下，内部产生极化现象，表面会产生电荷，从而将力、振动、加速度等非电量转换为电量，实现对非电量的测量。

压电式传感器具有很多优点，如体积小、重量轻、灵敏度高等。因此，可以实现对力、振动和机械冲击等的测量，在声学、力学、生物医学、石油勘探和导航等领域得到了广泛的应用。

6.1　压电效应及压电材料

6.1.1　压电效应

研究发现，一些晶体或者多晶陶瓷是性能良好的压电材料，当对其沿某一方向施加外力使之变形时，材料的内部产生极化现象，并且会在其两个表面上产生极性相反的等量电荷；当去掉外力后，产生的电荷消失，材料又重新恢复到不带电的状态。当改变对材料施加力的方向时，产生的电荷极性也会随之改变，并且受力产生的电荷量和所受力的大小成正比，把这种现象称为正压电效应或顺压电效应。可见，正压电效应是把机械能转换为电能。

压电效应所产生的电荷量与施加的外力大小成正比，其压电方程为

$$Q = d \cdot F$$

如果在某些晶体的极化方向上施加电场，会导致晶体发生机械变形；当去掉外电场后，材料的形变也随之消失，又恢复成原状，把这种电能转换为机械能的现象称为逆压电效应或电致伸缩效应。可见，逆压电效应是把电能转换为机械能。

压电效应包括正压电效应和逆压电效应，所以压电式传感器是一种能量转换型传感器。它既可以将机械能转换为电能，又可以将电能转化为机械能，是一种典型的"双向传感器"。

压电效应可逆性如图 6.1 所示。

图 6.1　压电效应可逆性

6.1.2 压电材料

具有压电效应的物质称为压电材料。经研究发现，自然界中很多种晶体都具有压电效应，但压电效应极其微弱。所以，并不是所有的材料都可作为压电传感器的压电材料，而石英晶体、钛酸钡、锆钛酸铅等材料的压电效应效果比较好，是性能良好的压电材料。

压电材料可以是天然的和人工合成的、有机的和无机的。压电晶体和压电陶瓷这两类压电材料的压电系数较大，其他性能（如机械性能、温度稳定性等特性）也较好，是比较理想的压电材料。

用于制作压电式传感器的压电材料应具有以下几种特性：

（1）压电转换性能大。

（2）机械强度大，具有较宽的线性范围和较高的固有频率。

（3）居里点要高，可获得较宽的工作温度范围。

（4）压电特性具有长期稳定性。

1. 压电晶体

根据晶体学原理可知，无对称中心的晶体一般具有压电性。石英晶体是最常见的压电材料，具有如下特点：

（1）机械强度大，最大的安全应力可达到 100 MPa。

（2）绝缘性和重复性好。

（3）时间和温度稳定性好，在 $20 \sim 200$ ℃范围内，其温度变化率极小。

可见，石英晶体材料是性能良好的压电材料，适于制作压电式传感器。

2. 压电陶瓷

压电陶瓷也是性能较好的压电材料，压电陶瓷是经过极化处理的多晶体。从压电系数上看，压电陶瓷比石英晶体的压电系数大。所以，使用压电陶瓷为材料的压电式传感器其灵敏度较高。由于压电陶瓷还具有价格低廉、耐湿、耐高温等特点，所以它是一种应用广泛的压电材料。

常见的压电陶瓷有：

（1）钛酸钡（$BaTiO_3$）。它是在高温下由二氧化钛和碳酸钡合成的，优点是介电常数和压电系数较高，但其居里点低。

（2）锆钛酸铅系压电陶瓷（PZT）。由 $PbZrO_3$ 和 $PbTiO_2$ 组成的 $Pb(ZrTi)O_3$，有较高的居里点和压电系数。

3. 高分子压电材料

高分子压电薄膜是一些经过延展和电场极化后的合成高分子聚合物薄膜，

如聚二氟乙烯（PVF$_2$）、聚氯乙烯（PVC）、聚氟乙烯（PVF）等。这些压电材料具有很多优点，如耐冲击、蠕变小、热释电性好等。如果将压电陶瓷粉末加入高分子化合物中制成高分子压电陶瓷薄膜，其具有较好的压电系数，是一种很有前景的压电材料。

4. 压电半导体

硫化锌、氧化锌等材料同时具有压电特性和半导体特性，所以，既可以用其压电特性制作压电式传感器，又可用其半导体特性制成电子器件，也可以集元件与线路于一体，研制成新型集成压电传感器测试系统。

6.2 压电转换元件的工作原理

6.2.1 石英晶体的压电效应

石英晶体是一种各向异性的介质，化学式为 SiO$_2$，是单晶体结构，天然石英晶体的结构外形可看成一个规则六角棱柱体。石英晶体各个方向的特性是不同的，它有 3 个晶轴，如图 6.2 所示。

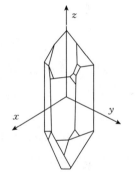

图 6.2 石英晶体的外形与晶轴

光轴：纵向 z 轴，是晶体的对称轴，与晶体的纵轴线方向一致。此轴可采用光学方法确定，光线沿 z 轴通过晶体，不产生双折射现象。所以，以它作为基准轴，因此称为光轴。

电轴：x 轴，它通过六面体相对的两个棱线并且垂直于光轴。此轴上的压电效应最强，共有 3 个。

机械轴：y 轴，与 x 轴和 z 轴同时垂直，垂直于六面体的棱面。在电场作用下，沿该轴方向的机械变形最明显，因此称为机械轴，共有 3 个。

把沿电轴方向的力作用下产生电荷的压电效应称为纵向压电效应，把沿机械轴方向的力作用下产生电荷的压电效应称为横向压电效应。沿光轴方向的力作用时，不产生压电效应。

石英晶体的压电效应与其内部的结构有关，石英晶体的化学分子式为 SiO$_2$，每个晶胞中有 6 个氧离子和 3 个硅离子，1 个硅离子和 2 个氧离子交替排列。沿光轴方向看，石英晶体可以等效地认为是正六边形排列结构。

当石英晶体没有受到外力作用时，晶格不会产生变形，正、负离子对称分布在正六边形的顶角上，形成 3 个互成 $120°$ 夹角的电偶极矩，它们之间的相互作用力矢量和等于零，整个晶体对外呈现电中性。当沿石英晶体的 x 轴方向施加力时，晶格将产生形变，并出现极化现象，正负离子的相对位置发生变动；当沿石英晶体的 y 轴方向施加力时，晶格也将产生形变；当沿石英晶体的 z 轴方向施加力时，不会产生压电效应，原因在于晶格的变形不会引起正负电荷中心的分离。石英晶体压电效应示意图如图 6.3 所示。

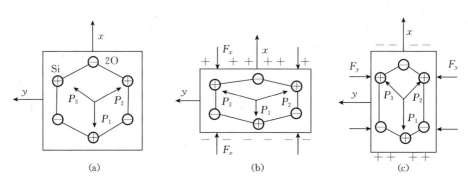

图 6.3　石英晶体压电效应示意图

(a) 未受力　　(b) x 轴方向受力　　(c) y 轴方向受力

如图 6.4 所示，在晶体上沿 y 方向切下一块晶片，a 为晶体切片长度，b 为晶体切片厚度。

当施加的力 F_x 作用在电轴方向时，则在与电轴 x 垂直的平面上将产生电荷 Q_x：

$$Q_x = d_{11}F_x \qquad (6-1)$$

式中　d_{11}——x 方向受力的压电系数；

　　　F_x——施加在电轴方向上的作用力。

如果在同一切片上，施加的力 F_y 作用在机械轴 y 方向时，那么仍在与 x 轴垂直的平面上产生电荷 Q_y，其大小为

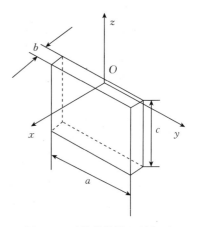

图 6.4　石英晶体沿 y 轴切片

$$Q_y = d_{12}\frac{a}{b}F_y \qquad (6-2)$$

式中　d_{12}——y 轴方向受力的压电系数，它的大小与 d_{11} 相等，方向相反；

　　　F_y——施加在机械轴方向上的作用力。

电荷 Q_x 和 Q_y 的符号由石英切片受到的力是压力还是拉力决定。

所以，有以下结论：

(1) 不是在石英晶体的每个方向都存在压电效应。

（2）在正压电效应中，产生的电荷与受到的作用力之间成线性关系。

在晶片的 x 轴方向施加压力时，则在石英晶体的 x 轴正向平面带正电；如果作用力改为拉力，则在垂直于 x 轴的平面上出现等量极性相反的电荷，如图 6.5（a）、（b）所示；如果施加在晶片上的作用力是沿着机械轴的方向，电荷还是在与 x 轴垂直的平面上产生，如图 6.5（c）、（d）所示。

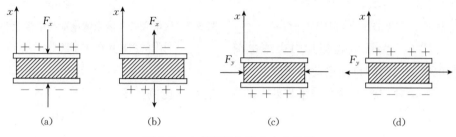

图 6.5 电荷极性与受力方向关系

6.2.2 压电陶瓷的压电效应

人工制造的多晶体的压电机理与压电晶体不同。

压电陶瓷是人工制造的多晶体压电材料。压电陶瓷内部的晶粒有许多自发极化的电畴，并且极化有一定的方向，因此存在电场。在没有外界电场作用的情况下，电畴在晶体内是杂乱分布的，这样它们各自的极化效应被相互抵消，所以压电陶瓷内极化强度为零。当压电陶瓷在未受到压力作用的情况下，由于自由电荷与陶瓷片内的束缚电荷虽然数量相等但符号是相反的，它抵消了陶瓷片内极化强度对外的作用，所以陶瓷片对外不表现极性，不具有压电性质。对陶瓷片施加外电场时，电畴的极化方向发生转动，趋向按外加电场方向排列，使陶瓷材料得到极化。增大外电场强度，使材料的极化达到饱和，当外电场去掉后，剩余极化强度很大，这时陶瓷材料才具有压电特性。图 6.6 所示为压电陶瓷的极化。

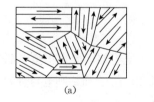 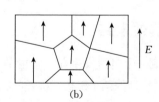 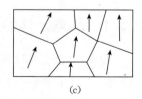

图 6.6 压电陶瓷的极化

（a）未极化的陶瓷 （b）正在极化的陶瓷 （c）极化后的陶瓷

当对压电陶瓷上施加与极化反向但平行的压力时，将使陶瓷片发生压缩形变，使得一部分原来吸附在极板上的自由电荷得以释放产生放电现象，这就是压电陶瓷的正压电效应；当撤去对陶瓷片施加的力后，陶瓷片又恢复成原状，陶瓷片内的正、负电荷间的距离变大，极化强度也变大，所以在极板上出现充电现象，又吸附部分自由电荷。

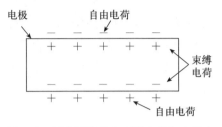

图 6.7 压电陶瓷片内束缚电荷与电极上吸附的自由电荷示意图

图 6.7 为压电陶瓷片内束缚电荷与电极上吸附的自由电荷示意图。

压电效应产生的电荷量与外力的大小有如下比例关系：

$$Q = d_{33} \cdot F \qquad (6-3)$$

式中　Q——电荷量；

d_{33}——压电陶瓷的压电系数；

F——对陶瓷施加的作用力。

压电陶瓷比石英晶体的压电系数大很多，由压电陶瓷制成的压电式传感器的灵敏度较高，且成本较低。因此，目前国内外生产的压电元件绝大多数都采用压电陶瓷。压电陶瓷的缺点是温度稳定性和机械强度较石英晶体差。

6.3　压电式传感器的测量电路

压电式传感器的原理是利用压电材料的压电效应特性，即当压电材料受到外力作用时，压电式传感器就会有电荷产生。因为在无泄漏的条件下电荷才能保持，即测量电路需要无限大的输入阻抗，但无法实现，因此压电传感器不能用于静态测量，而适用于动态测量，此时在交变力的作用下，电荷可以不断被补充，为测量回路提供能量。

6.3.1　压电元件的等效电路

压电式传感器可以看成一个电荷发生器，它也是一个电容器，聚集正负电荷的晶体的两个表面相当于电容器的两个极板，极板间物质相当于介质，则电容量为

$$C_a = \frac{\varepsilon_r \varepsilon_0 A}{d} \qquad (6-4)$$

式中　A——压电元件的面积；

d——压电元件的厚度；

ε_r——压电材料的相对介电常数；

ε_0——真空介电常数，$\varepsilon_0 \approx 1$。

所以，压电式传感器可等效为一个与电容串联的电压源，如图 6.8（a）所示。电容器上的电压、电荷量和电容量之间关系为

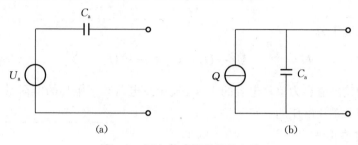

图 6.8 压电传感器的等效电路

（a）电压源 （b）电荷源

$$U_a = \frac{Q}{C_a} \qquad (6-5)$$

式中 U_a——电容器上的电压；

$\qquad Q$——电荷量；

$\qquad C_a$——电容量。

压电传感器也可等效为一个与电容并联的电荷源，如图 6.8（b）所示。

$$Q = C_a U_a \qquad (6-6)$$

6.3.2 压电晶片的连接方式

由于单片压电晶片的输出电荷较小，为提高压电式传感器的输出灵敏度，在实际应用中，压电传感器中的压电元件一般不仅仅只使用一片，通常是把两片或多片具有相同型号的压电晶片粘在一起。因为压电材料的电荷是有极性的，所以粘接的方法有两种：串联接式和并联接式。

1. 串联接法

串联接法如图 6.9 所示，压电片电荷极性采用正、负串联输出，即正电荷集中在上极板，负电荷集中在下极板，两压电片中间粘接处所产生的正负电荷相互抵消。这种接法具有传感器本身的电容量小、输出电压大的特点。因此，这种接法的压电传感器适用于以电压作为输出信号和频率较高信号的测量。

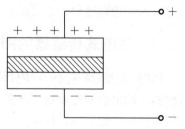

图 6.9 压电片串联接法

输出电容为

$$\frac{1}{C} = \frac{1}{C_1} + \frac{1}{C_2} + \frac{1}{C_3} + \cdots + \frac{1}{C_n} \qquad (6-7)$$

输出电荷为

$$Q = Q_i \qquad (6-8)$$

输出电压为

$$U = \frac{Q}{C} = U_1 + U_2 + U_3 + \cdots + U_n = \sum_{i=1}^{n} U_i \qquad (6-9)$$

可知输出电容为单片电容的 $1/n$，输出总电荷等于单片的电荷量，但电荷输出电压为单片电压的 n 倍。

2. 并联接法

并联接法如图 6.10 所示，将两片或多片压电晶片的正电极集中在两侧的电极上，负电荷集中在中间电极上，正极在上下两边并连接在一起，类似于两个电容的并联。

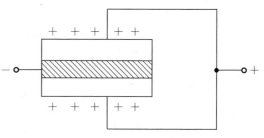

图 6.10　压电片并联接法

输出电容为

$$C = C_1 + C_2 + C_3 + \cdots + C_n \qquad (6-10)$$

输出电荷为

$$Q = Q_1 + Q_2 + Q_3 + \cdots + Q_n = \sum_{i=1}^{n} Q_i \qquad (6-11)$$

输出电压为

$$U = U_i \qquad (6-12)$$

可知输出电压等于单片的电压，但输出电容为单片电容的 n 倍，极板上的电荷量是单片电荷量的 n 倍。此种接法使得压电传感器的输出电荷量较大、电容量较大，所以这种传感器适合对缓变信号的测量。

6.3.3　压电式传感器的测量电路

压电式传感器本身的内阻很高，而输出的能量又非常微弱。所以，压电式传感器的输出信号先要送到测量电路的高输入阻抗的前置放大器中变成低阻抗的输出信号，然后再进行放大、检波等处理。

前置放大器至关重要，前置放大器一般有电荷放大器和电压放大器两种形式。

1. 电荷放大器

并联输出型压电元件可以等效为一个电荷源，由于压电效应所产生的电荷量很小，只能形成很小的电流，因而在接成电荷输出型测量电路时，要求前置放大器不仅要有足够的放大倍数，还要有极高的输入阻抗。

电荷放大器是一种输出电压与输入电荷量成正比的前置放大器，能将高内阻的电荷源转换为低内阻的电压源，起着阻抗变换的作用。它实际上是一个具有反馈电容的高增益运算放大器，电荷放大器等效电路如图 6.11 所示。

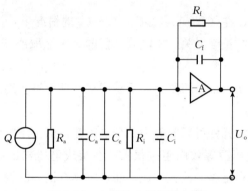

图 6.11　电荷放大器等效电路

A. 放大器的开环增益，—A 表示放大器的输出与输入反相　Q. 压电元件的电荷

C_a. 压电元件的固有电容　C_i. 前置放大器的输入电容　C_c. 电缆电容　R_a. 压电元件的泄漏电阻

R_i. 前置放大器的输入电阻　R_f. 反馈电阻　C_f. 反馈电容

由于运算放大器的输入阻抗极高，所以放大器的输入端几乎没有分流。如果忽略 R_a、R_f、R_i 的影响，那么输入到放大器的电荷量 Q_i 为

$$Q_i = Q - Q_f \qquad (6-13)$$

$$Q_f = C_f(U_i - U_o) = \left(-U_o - \frac{U_o}{A}\right)C_f = -(1+A)\frac{U_o}{A}C_f \qquad (6-14)$$

$$Q_i = U_i(C_c + C_i + C_a) = -\frac{U_o}{A}(C_c + C_i + C_a) \qquad (6-15)$$

式中　Q_f——放大器的反馈电荷；

　　　A——开环增益。

所以

$$-\frac{U_o}{A}(C_c + C_i + C_a) = Q + (1+A)\frac{U_o}{A}C_f \qquad (6-16)$$

所以，放大器的输出电压为

$$U_o = -\frac{-AQ}{C_c + C_i + C_a + (1+A)C_f} \qquad (6-17)$$

在 $A \gg 1$ 和 $(1+A)C_f \gg C_c + C_i + C_a$ 的情况下，放大器的输出电压可表示为

$$U_o = -\frac{Q}{C_f} \qquad (6-18)$$

可见，电荷放大器的输出电压与电缆电容 C_c 无关，与 Q 成正比。

电荷放大器的灵敏度为

$$K = \frac{U_o}{Q} = -\frac{1}{C_f} \qquad (6-19)$$

可以得出结论，在 $(1+A)C_f \gg C_c + C_i + C_a$ 的情况下，压电传感器的输出电压、灵敏度与电缆长度无关，压电放大器的灵敏度取决于 C_f，且 C_f 越小放大器的灵敏度越高。

电荷放大器的缺点是电路复杂，不易调整，且价格较高。

2. 电压放大器

串联输出型压电元件可以等效为一个电压源，由于压电效应引起的电容量 C_a 很小，因而该电压源等效内阻抗很大，在接成电压输出型测量电路时，要求前置放大器不但有足够的放大倍数，而且应具有很高的输入阻抗。

电压放大器电路原理及等效电路如图 6.12 所示。

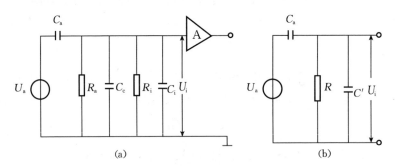

图 6.12　电压放大器电路原理及等效电路

(a) 原理图　(b) 等效电路

R_a. 压电元件的漏电阻　R_i. 放大器的输入电阻　C_c. 电缆电容　C_i. 放大器的输入电容

R. 前置放大器的输入端等效电阻　C'. 前置放大器的输入端等效电容

(1) 压电输出特性。

$$R = R_a /\!/ R_i = R_a R_i/(R_a + R_i) \qquad (6-20)$$

$$C' = C_c + C_i \qquad (6-21)$$

$$Q = d_{33} F \qquad (6-22)$$

假设施加在压电陶瓷元件上的交变力 $F=F_m\sin\omega t$，则压电陶瓷元件上的输出电压为

$$U_a=\frac{Q}{C_a}=\frac{d_{33}}{C_a}F=\frac{d_{33}}{C_a}F_m\sin\omega t \qquad (6-23)$$

送入放大器输入端的电压为

$$U_i=I \cdot Z=I\frac{R}{1+j\omega RC} \qquad (6-24)$$

因为 $I=\dfrac{U_a}{Z+\dfrac{1}{j\omega C_a}}$，令 $C=C_c+C_i+C_a$，所以加在前置放大器输入端的电压为

$$U_i=d_{33}F\frac{j\omega R}{1+j\omega RC}=d_{33}F_m\frac{j\omega R}{1+j\omega RC}\sin\omega t \qquad (6-25)$$

式（6-25）说明，压电传感器不能进行静态测量：因为静态力的 ω 等于零，则前置放大器的输入电压为零。

（2）动态特性。在理想情况下 R_a 和 R_i 都趋于无穷，$\omega R(C_c+C_i+C_a)\gg1$ 的情况时，输出电压灵敏度为

$$K=\frac{U_{im}}{F_m}\approx\frac{d_{33}}{C_c+C_i+C_a} \qquad (6-26)$$

可见，此时 K 与频率无关。

压电式传感器的电缆不宜过长。如果电缆过长，会导致电缆电容 C_c 较大，降低了电压灵敏度。

6.4　压电式传感器的应用

压电式传感器是一种典型的有源传感器，压电式传感器的应用非常广泛。

6.4.1　压电式加速度传感器

压电式加速度传感器是一种常见的用于测量加速度的传感器，其具有重量轻、体积小、测量范围大等优点。压电式加速度传感器的结构原理如图 6.13 所示。

压电式加速度传感器由弹簧、密度较大的质量块、引出电极、压电晶片等组成。为了对压电晶片施加预应力，所以用弹簧压紧在质量块上。当

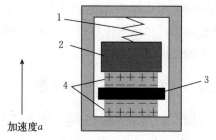

图 6.13　压电式加速度传感器的结构原理
1. 弹簧　2. 质量块　3. 引出电极　4. 压电晶片

传感器受到冲击振动时，质量块就有一正比于加速度的交变力作用在压电片上。根据牛顿第二定律，对质量块有

$$F=ma \tag{6-27}$$

式中　F——质量块产生的惯性力；

　　　m——质量块的质量；

　　　a——加速度。

式（6-27）把它变成一个力，用压电式传感器来测量这个力。

由于压电片的压电效应，两个表面上就产生交变电荷 Q，传感器的输出电荷为

$$Q=dF=dma \tag{6-28}$$

从式（6-28）可以看出，压电传感器的输出电荷 Q 等于压电系数 d 乘以质量 m，再乘以加速度 a。所以，传感器的输出电荷 Q 与加速度 a 成正比。

因为压电传感器的输出电压为 $U=\dfrac{Q}{C}$，如果传感器中电容量 C 不变，则

$$U=\dfrac{dma}{C} \tag{6-29}$$

所以，通过测量加速度传感器输出的电压就可得到加速度的大小。

压电传感器使用两个压电晶片的原因：从式（6-28）可以看出，为提高电荷量，可以采用增加质量块的方法，但质量块太大了就会把压电晶片压破。所以，质量块是不能无限增大的。为了提高电荷量，可采用增加压电片数目的方式，把几个压电片合理地连接起来以便提高传感器的灵敏度。可以采用压电片串联和并联的连接方式，两个压电晶片如果是"正负负正"这样连起来（即相同的电极连接起来）就是并联，"正负正负"这样连接起来就是串联。如果两个压电晶片连接后，它所产生的电荷是两个晶片电荷的总和，就属于并联。如果连接后，最终的电荷和单个压电晶片的电荷相等，就是串联关系。可根据实际情况来选择必要的连接方式，如果要测量电荷，可采用并联方式；如果要测量电压，可采用串联方式。通过合适的连接方式来进行测量，采用多少片可根据情况而定。

6.4.2　压电式压力传感器

图 6.14 所示是一个压电式压力传感器的结构原理，它由绝缘材料基座、传力上盖、压电片、电极和电极引出插头等组成，这里采用了两片压电晶片。当力 F 施加到传力上盖时，会对压电片产生压力。根据压电效应，压电片上会产生电荷，

通过电极引出插头测出电荷量。根据电荷量的大小达到对应压力 F 的测量。

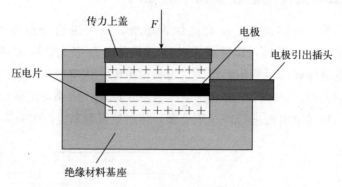

图 6.14　压电式压力传感器的结构原理

6.4.3　压电式传感器在漏点检测中的应用

　　图 6.15 所示是一个压电式漏点检测传感器原理。如果埋在地下的管道中间某个位置漏水了，管道漏水位置不容易定位，很难检测出来。可采用声学的方法进行测量，在两侧加两个压电式传感器，如果中间某个位置漏水，声音就会向两边传播，然后通过测量两边接收到的时间就可以定位是哪个位置出现了问题。由于地面下的自来水管道 O 处发生漏水引起的振动从漏水点向管道两端传播，所以在管道上 A、B 两处安放两个压电式传感器。根据从两个传感器接收到的由 O 点传来的 t_0 时刻发出的振动信号所用时间差来计算出 L_A 或 L_B。

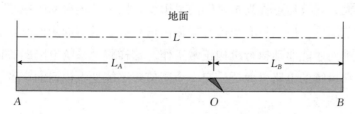

图 6.15　压电式漏点检测传感器原理

二者时间差为

$$\Delta t = t_A - t_B = \frac{L_A - L_B}{v} \qquad (6-30)$$

因为 $L = L_A + L_B$，所以

$$L_A = \frac{L + \Delta t \cdot v}{2}, \quad L_B = \frac{L - \Delta t \cdot v}{2} \qquad (6-31)$$

从而达到对地下管道漏水位置检测目的。

6.4.4 压电式传感器在安保中的应用

在展览馆、博物馆等重要物品保管场所，需要进行防盗等安保措施，需要检测玻璃是否破碎，以便采取相应的措施。压电式玻璃破碎报警器是用来检测玻璃破碎的一种传感器。它是利用压电元件对振动敏感的特性来感知玻璃受撞击和破碎时产生的振动波作为工作原理。传感器把振动波转换成电压输出，对输出电压进行进一步处理，传送给报警系统，如图 6.16 所示。

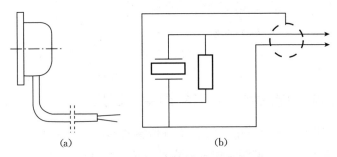

图 6.16 压电式玻璃破碎报警器

（a）传感器外形 （b）传感器内部结构

报警器电路框图如图 6.17 所示。玻璃上面粘贴压电式传感器，通过电缆和报警电路连接。如果玻璃被撞击或玻璃破碎，玻璃上安装的压电式传感器受到剧烈振动，表面会产生电荷，在两个输出引脚之间产生窄脉冲报警信号。信号经放大、滤波后可提高报警器的灵敏度。因为玻璃振动的频率在音频和超声波的范围内，所以只有当传感器输出信号高于设定的阈值时才会输出报警信号，进而才能驱动执行机构正常工作。这样整个系统电路的关键是滤波器，所以在后续的电路里面要设定一个阈值，不能把人说话的声音当成玻璃破碎的一个信号。

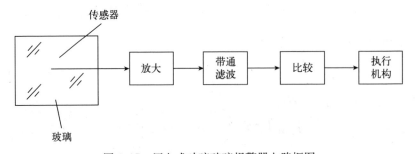

图 6.17 压电式玻璃破碎报警器电路框图

6.4.5　压电式传感器在车辆测速中的应用

图 6.18 所示是一个压电式传感器对车辆测速的原理图。

在安装红绿灯路口的停车线前面的地下埋两根电缆和压电式传感器，一般电缆埋在泊车公路的路面下面几厘米深。当有车经过时，压电式传感器测量电路能够测量车速，还可测量出车的重量。然后根据车速、车轮轮距以及车的重量等与计算机中的数据库进行比对，以判断出车型，进而判断出车辆是否超速。

6.4.6　压电式燃气点火器

如图 6.19 所示，当往里按开关时，压缩一个弹簧并释放，有一个很大的力冲击压电陶瓷。根据压电效应原理，在压电陶瓷上产生一个高压脉冲，通过电极尖端放电，产生电火花。将开关旋转，把气阀门打开，电火花将燃烧气体点燃。

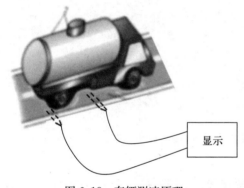

图 6.18　车辆测速原理

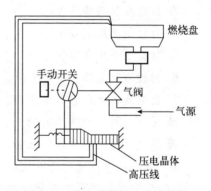

图 6.19　压电式燃气点火器结构

本　章　小　结

压电式传感器是有源传感器。压电式传感器以压电效应为工作原理。一些物质在受到沿着一定方向外力作用下产生变形时，表面会产生电荷，称为压电效应。压电效应包括正压电效应和逆压电效应，所以压电式传感器是一种能量转换型传感器。它既可以将机械能转换为电能，又可以将电能转化为机械能，是一种典型的"双向传感器"。

具有压电效应的物质称为压电材料，石英晶体、钛酸钡、锆钛酸铅等材料的压电效应效果比较好，是性能良好的压电材料。

压电晶片的连接方式有串联和并联两种方式。

压电式传感器具有很多优点，如体积小、重量轻、灵敏度高等。因此，可以实现对力、振动和机械冲击等的测量，在声学、力学、生物医学、石油勘探和导航等领域得到了广泛应用。

本章给出了压电效应的定义，分析了压电材料的特性，详细介绍了石英晶体和陶瓷的压电效应原理以及压电式传感器的测量电路，最后给出了压电式传感器的典型应用实例，为应用和设计压电式传感器打下了基础。本章应重点掌握石英晶体和压电陶瓷的工作原理及压电式传感器的测量电路。

思考题与习题

1. 什么是压电效应？

2. 什么是压电式传感器？

3. 压电效应有哪些种类？

4. 什么是正压电效应？

5. 什么是逆压电效应？

6. 简述石英晶体的压电效应。

7. 压电式传感器有哪些优点？

8. 压电材料分为哪几类？

9. 构成压电式传感器的压电材料应具有哪些特性？

10. 简述压电陶瓷的压电效应。

11. 压电式传感器的测量电路有哪两种？

12. 简述电荷放大器的工作原理。

13. 简述电压放大器的工作原理。

14. 压电式传感器的应用有哪些领域？

15. 压电晶片的连接方式有哪几种？

16. 由压电陶瓷制成的压电式传感器有哪些优点和缺点？

17. 压电元件串联接法的压电式传感器适用于对什么样的信号进行测量？

18. 压电元件并联接法的压电式传感器适用于对什么样的信号进行测量？

第 7 章　热电式传感器

温度是工农业生产中常见的参数，任何化学反应和物理变化都与温度有密切关联。所以，在人类社会中，工业、农业、科研、国防及环保等领域和部门都与温度的测量有着密切的关系。

在工业生产自动化流程对各种物理量的测量统计中，温度测量占到总数的约 40%。在各种各样的传感器中，应用最广泛的传感器就是温度传感器。温度传感器是一种将温度变化转换为电学量（电阻或电势）变化的装置，用于测量温度和热量，也称为热电式传感器。在早期，对于温度主要采用水银、酒精温度计等机械的测量方法，但测量精度较低。当前越来越多地采用电子的方式来进行温度的测量，如在蔬菜大棚中使用温度传感器测温。

7.1　温标及温度的测量方式

温度是国际单位制的 7 个基本物理量之一，温度是表征物体冷热程度的物理量，温度反映了物体内部各分子运动平均动能的大小，与自然界中的各种物理和化学过程相联系。

7.1.1　温标

温标是衡量温度高低的标尺，常见的温标如下：

1. 热力学温标

热力学温标，又称开尔文温标，是国际单位制的 7 个基本物理量之一，单位为开尔文，简称开，用符号 K 来表示。

根据热力学中的卡诺定理，如果在温度为 T_1 的无限大热源与温度为 T_2 的无限大冷源之间有一个可逆热机实现了卡诺循环，则存在如下关系式：

$$\frac{T_1}{T_2} = \frac{Q_1}{Q_2} \qquad (7-1)$$

式中　Q_1——热源给予热机的传热量；

　　　Q_2——热机传给冷源的传热量。

所以，如果在式（7-1）中再规定一个条件，那么就能用卡诺循环中的传热量来完全地确定温标。热力学温标规定分子运动停止时的温度为绝对零度。热力学温标与物体任何物理性质无关，是国际统一的基本温标。

2. 国际实用温标

国际上经协商后建立了国际实用温标，即 International Practical Temperature Scale of 1968（简称 IPTS-68），使用方便、容易实现，还能体现热力学温度。

这种实用温标规定，热力学温度是基本温度，用 T 表示，其单位是开尔文（符号 K），1 K 等于水的三相点热力学温度的 1/273.16。国际实用温标是一种广泛应用的温度基准，它具有可靠、方便的特点，在科学技术领域和工业生产中都有着重要的应用价值。

3. 摄氏温标

摄氏温标是工程上最常用的温度标尺。摄氏温标是在标准大气压下将水的冰点与沸点之间划分 100 等份，每一等份称为 1 摄氏度（℃），用 t 表示。摄氏温标温度与国际实用温标温度之间有如下关系：

$$t=(T-273.15)\ ℃$$
$$T=(t+273.15)\ K \tag{7-2}$$

4. 华氏温标

华氏温标规定，标准大气压下冰的熔点为 32 华氏度，水的沸点为 212 华氏度，之间划分为 180 等份，每一等份称为华氏 1 度（符号℉），可知华氏温度和摄氏温度之间具有以下关系：

$$t_F=(1.8t+32)\ ℉$$
$$t=5/9(t_F-32)\ ℃ \tag{7-3}$$

式中　t_F——华氏温度；

　　　t——摄氏温度。

7.1.2　温度的测量方式

随着温度的变化，物体的电阻会发生变化。因此，测量温度可利用这一原理进行。温度的变化会导致流经电阻的电流或电阻上的电压发生变化，通过对电参量的测量就可实现对温度的测量。

按温度测量时温度传感器是否与被测物体接触，分为接触式测量和非接触式测量。温度传感器与被测物体直接接触进行温度测量的方式称为接触式测量，如水银温度计、电阻温度计、热电偶温度计等。接触式测量有一些缺点，因为测量时要接触被测对象，所以被测对象的一部分热量会传导给温度传感器，导致被测物体温度降低了一些，这样就对测量精度产生了影响。但是，如果被测对象的热容量足够大，那么传导给温度传感器的热量可忽略不计。

与接触式测量相对应的是非接触式测量，它是利用被测物体热辐射发出红外线的原理来测量物体的温度，如辐射温度计、红外测温仪等。采用这种测量方式时，被测物体上的能量不会传给温度传感器，连续测量不会产生消耗，反应快，可进行遥测。表 7.1 为接触式测温和非接触测温方法的比较。

表 7.1　接触式测温与非接触式测温方法的比较

项目	接触式	非接触式
必要条件	感温元件必须与被测物体相接触	感温元件能接收到物体的辐射能
特点	不适宜热容量小的物体温度测量，不适宜动态温度测量，便于多点、集中测量和自动控制	被测物体温度不变，适宜动态温度测量和表面温度测量
测量范围	低于 1 000 ℃	高温测量
测温精度	测量范围的 1% 左右	10 ℃左右
滞后	较大	较小

7.2　金属热电阻温度传感器

在工业上测量温度时，使用的是温度传感器。常用的温度传感器分为热电阻温度传感器、热电偶温度传感器、半导体 PN 结温度传感器和集成温度传感器等。热电阻温度传感器是基于温度不同时物体的电阻发生变化的原理来进行温度测量的。例如，常见的金属铂热电阻温度传感器，其组成的最主要部分是铂电阻测温元件，其电阻值由标准规定。当温度发生变化时，测温元件铂电阻的阻值会随着温度的变化而发生变化，并且在某一段的温度范围，铂电阻两端的电压与对应的温度之间是直线的函数关系，通过分度表，就可得到对应的温度。

在实际测量温度时，需要注意的是，每种温度传感器都有其测温范围。如果待测温度不在这个范围之内，则会导致测量的结果产生误差，使测量结果不准确，并且如果待测温度高于传感器的测温范围，会损坏温度传感器的测量元件。所以，在测量温度时，首先要预先估计待测温度的大致范围，然后再选择适合的温度传感器，才能得到较准确的测量结果。

热电阻温度传感器的测温范围较广，为 $-200\sim850\ ℃$，少数情况下，低温可测量至 $1\ K$，高温可测量至 $1\ 000\ ℃$。根据敏感元件使用的材料，热电阻传感器可分为金属热电阻和半导体热电阻两大类。半导体热电阻称为热敏电阻。

热电阻温度传感器是基于电阻的热效应进行温度测量的，电阻的热效应是指电阻的阻值随温度的变化而变化。

金属热电阻的材料是金属。图 7.1 是一个金属热电阻在一定温度范围内的温度特性曲线，随着温度的升高，这种热电阻的电阻值增加，根据温度特性曲线和表达式，可以测量出不同温度下所对应的电阻值。

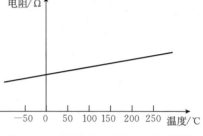

图 7.1　金属热电阻的温度特性曲线

7.2.1　金属热电阻温度传感器的工作原理

测温敏感材料是金属的温度传感器称为金属热电阻温度传感器，简称热电阻，通常是用纯金属铜、铂或者镍丝绕在陶瓷等表面构成。热电阻具有非常好的特性，应用非常广泛。铂金属热电阻是在骨架上绕上铂丝，然后用起保护作用的保护套包围起来，最后把它绑好，再引出两根引线，就制成了铂金属热电阻温度传感器。

常见的热电阻温度传感器主要有铂热电阻和铜热电阻。用铂做成的铂电阻常用的型号有 Pt10、Pt100。从型号上来看，Pt10、Pt100 包含两层含义：Pt 表示使用铂为测温敏感材料，数字表示电阻在 0 ℃时的欧姆数，即 Pt100 表示 0 ℃时的电阻值是 100 Ω，Pt10 表示 0 ℃时的电阻值是 10 Ω。相对于铜电阻材料，铂电阻的测温范围较宽，为 $-200\sim650\ ℃$，可见其应用范围非常广泛。它具有电阻率大、化学稳定性好、耐高温、测温范围大等优点；其缺点是在还原介质中，特别是在高温环境下铂电阻很容易被从氧化物中还原出来的金属蒸气所玷污，导致铂丝变脆，造成电阻与温度之间关系的改变，影响测量精度。第二种常用的金属热电阻是铜电阻，型号如 Cu10、Cu50，它的测温范围是 $-50\sim150\ ℃$。相对于铂电阻，铜电阻具有廉价、线性好等优点；缺点是铜电阻怕潮湿、易腐蚀、熔点低。

在金属导体中，参与导电的是自由电子。如果其温度升高，会加剧金属内部原子晶格的振动，使得金属内部的自由电子通过金属导体时的阻碍增大，导致金属的电阻率变大，增大了电阻值；如果温度降低，会减弱金属内部原子晶格的振动，使得金属内部的自由电子通过金属导体时的阻碍减小，导致金属的电阻率变小，减小了电阻值。

金属热电阻温度传感器的工作原理基于电阻-温度特性方程：

$$R_t = R_0(1 + At + Bt^2 + \cdots) \qquad (7-4)$$

不是所有的金属材料都适合用来作为金属热电阻温度传感器的敏感材料，为取得较好的测量效果，要求金属热电阻材料应具有如下特点：

（1）线性或接近线性的输出特性。

（2）电阻温度系数大。

（3）电阻率大。

（4）物理和化学特性较稳定。

（5）价格低廉。

表 7.2 是某些金属在特定温度 20 ℃时的电阻率及电阻温度系数。

表 7.2　20 ℃时的常见金属电阻率及电阻温度系数

材料	温度/℃	电阻率/10^{-8} Ω·m	电阻温度系数/℃$^{-1}$
银	20	1.586	0.003 8(20 ℃)
铜	20	1.678	0.003 93(20 ℃)
金	20	2.40	0.003 24(20 ℃)
镍	20	6.84	0.006 9(0~100 ℃)
铂	20	10.6	0.003 74(0~60 ℃)

经综合分析和测试，铂和铜是较好的热电阻材料。另外，有时选用镍、铁作为制作热电阻的敏感材料。

7.2.2　铂、铜热电阻的特性

1. 铂热电阻

虽然铂电阻存在成本高、电阻温度系数较小的缺点，但综合比较，铂是较适宜制作热电阻的材料，其原因如下：

（1）铂较容易提纯。

（2）在同样条件下，其物理、化学性能非常稳定，且耐氧性强。

（3）输出和输入特性近似成线性，因此测量精度较高。

经实际测验、研究和分析，在不同温度区间，铂电阻的阻值和温度之间的关系有如下规律：

在 0～650 ℃的温度范围内，电阻与温度关系可表示为

$$R_t = R_0(1+At+Bt^2) \tag{7-5}$$

在－200～0 ℃的温度范围内，电阻与温度关系可表示为

$$R_t = R_0[1+At+Bt^2+C(t-100)t^3] \tag{7-6}$$

式（7-5）和式（7-6）中：R_t 为温度 t 时的电阻值；R_0 为 0 ℃时的电阻值；A 为一个常数，$A=3.968\,47\times10^{-3}/℃$；$B$ 为一个常数，$B=-5.847\times10^{-7}/℃^2$；$C$ 为一个常数，$C=-4.22\times10^{-12}/℃^4$。

可见，热电阻在温度 t 时的电阻值与 R_0 有关。

常用的标准化铂热电阻分度号如下：

$$Pt50(R_0=50\ \Omega)$$

$$Pt100(R_0=100\ \Omega)$$

$$Pt1\,000(R_0=1\,000\ \Omega)$$

热电阻的分度表是温度和电阻的对应关系表，铂热电阻不同分度号有其相应的分度表。所以，在实际的温度测量中，首先测得铂热电阻的阻值 R_t，然后从分度表上查找对应的温度值，就得到了测量结果。表 7.3 是铂热电阻 Pt100 的分度表。

表 7.3　铂热电阻 Pt100 的分度表

温度/℃	0	10	20	30	40	50	60	70	80	90
	电阻/Ω									
－200	18.49									
－100	60.25	56.19	52.11	48.00	43.87	39.71	35.53	31.32	27.08	22.80
0	100.00	96.09	92.16	88.22	84.27	80.31	76.33	72.33	68.33	64.30
0	100.00	103.90	107.79	111.67	115.54	119.40	123.24	127.07	130.89	134.70
100	138.50	142.29	146.06	149.82	153.58	157.31	161.04	164.76	168.46	172.16
200	175.84	179.51	183.17	186.82	190.45	194.07	197.69	201.29	204.88	208.45
300	212.02	215.57	219.12	222.65	226.17	229.67	233.17	236.65	240.13	243.59
400	247.04	250.48	253.90	257.32	260.72	264.11	267.49	270.86	274.22	277.56
500	280.90	284.22	287.53	290.83	294.11	297.39	300.65	303.91	307.15	310.38
600	313.59	316.80	319.99	323.18	326.35	329.51	332.66	335.79	338.92	342.03
700	345.13	348.22	351.30	354.37	357.37	360.47	363.50	366.52	369.53	372.52
800	375.51	378.48	381.45	384.40	387.34	390.26				

从分度表中可以看出，0 ℃时它的电阻值是 100 Ω；还可以看出，随着温度的升高，阻值略有增加。

铂热电阻的特点如下：

(1) 铂热电阻的测温精度高。

(2) 铂热电阻的稳定性好。

根据不同的需要，通常把金属丝热电阻温度传感器设计成笼式、薄片式、棒式等各种不同的结构形式。

铂热电阻传感器的结构如图 7.2 所示。

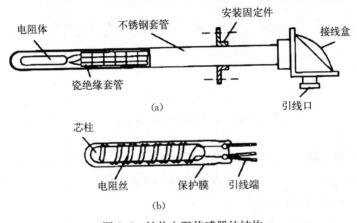

图 7.2　铂热电阻传感器的结构

(a) 整体结构　(b) 电阻体结构

制作时，首先在云母绝缘骨架上缠绕直径为 0.02～0.07 mm 的铂丝，然后用保护套管保护起来，最后接出引线。

铂热电阻的应用范围为−200～850 ℃，所以它在温度测量中得到了广泛应用。

2. 铜热电阻

除了铂电阻外，铜电阻也是一种常用的热电阻。虽然铜电阻存在温度超过 100 ℃时易氧化和适用环境温度较低等缺点，但其具有以下优点：

(1) 价格低廉。

(2) 在−50～150 ℃的温度范围内，其物理、化学性能稳定。

(3) 线性度较好。

(4) 电阻温度系数较大。

研究得到铜电阻的阻值与温度变化间的关系可表示成

$$R_t = R_0(1 + At + Bt^2 + Ct^3) \qquad (7-7)$$

式中　R_t——温度 t 时的电阻值；

　　　R_0——0 ℃时的电阻值；

　　　A——常数，$A=4.28899\times10^{-3}/℃$；

　　　B——常数，$B=-2.133\times10^{-7}/℃^2$；

　　　C——常数，$C=1.233\times10^{-9}/℃^3$。

Cu50、Cu100 是常见的铜电阻分度号。

铜热电阻体的结构如图 7.3 所示，由铜热电阻丝、补偿线组、线圈骨架和引出线组成。普遍采用双线无感绕制的制作方法，这样可降低当电阻丝通入交流电时产生感抗和在有交变磁场时产生感生电动势的不利影响。

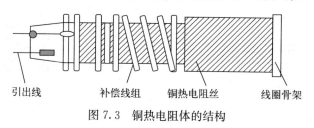

引出线　　　补偿线组　　　铜热电阻丝　　　线圈骨架

图 7.3　铜热电阻体的结构

其他一些金属（如铁、镍）作为热电阻材料时，虽然具有电阻率高、温度系数较大的优点，但是它们有的在氧化性上或者在输入-输出线性度上有缺点，使得它们不适合制作热电阻。

另外，锰热电阻虽然适宜在低温范围内使用，但其容易损坏，使其应用受到了限制。

7.2.3　热电阻的内部引线方式及测量电路

1. 内部引线方式

由于检测仪表和热电阻之间有一段距离，因此对测量结果有较大影响的是热电阻的引线。热电阻的内部引线方式包括二线制、三线制、四线制 3 种方式，如图 7.4 所示。

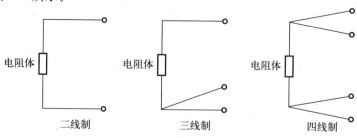

电阻体　　　　　　电阻体　　　　　　电阻体

二线制　　　　　　三线制　　　　　　四线制

图 7.4　热电阻的内部引线方式

2. 测量电路

热电阻的工作原理是把温度的变化转变为电阻值的变化。在实际应用中，为便于测量，需要把电阻的变化转变为电压的变化。

因此，使用热电阻测量温度时，一般是把热电阻接在电桥电路中，将温度的变化转换为电压的变化。可采用如图 7.5 所示的电桥电路。

电路中的 R_t 是金属热电阻，R_1、R_2、R_3 是固定电阻，U_o 是输出电压，它的值为 A 点和 B 点的电位差，即 $U_o = V_A - V_B$。

根据串联分压原理，易得 A 点和 B 点的电位，求出输出电压：

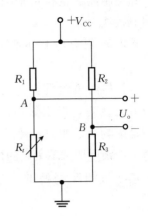

图 7.5　金属热电阻桥式接口电路

$$U_o = V_A - V_B = \left(\frac{R_t}{R_1 + R_t} - \frac{R_3}{R_2 + R_3} \right) \times V_{CC} \qquad (7-8)$$

当电桥平衡时，相对桥臂阻值的乘积相等。

当 $t = 0\ ℃$ 时，如果电桥处于平衡状态，则 $R_1 R_3 = R_2 R_t$，一般情况下可使 $R_1 = R_2$，$R_3 = R_0$（R_0 是电阻 $R_t = 0\ ℃$ 时的阻值），从式（7-8）可知 $V_A = V_B$，即电桥输出电压 $U_o = V_A - V_B = 0\ V$。

当温度升高后，可知此时 B 点电位不变，但 A 点电位因为金属热电阻 R_t 的阻值随着温度升高会变大，导致 A 点电位增加，即电桥电路中 A 点电位升高而 B 点电位不变。所以，当 $t > 0\ ℃$ 时，R_t 阻值增大，可知 $V_A > V_B$，电桥输出电压 $U_o = V_A - V_B > 0\ V$，电桥输出电压为正。

容易知道温度越高，U_o 越大。

同理，当 $t < 0\ ℃$ 时，R_t 阻值减小，$V_A < V_B$，电桥输出电压 $U_o = V_A - V_B < 0\ V$，即电桥输出电压为负。

在实际应用中，因为电路参数不可能完全一致，如电阻器阻值存在着误差，所以会造成 $0\ ℃$ 时电桥不平衡，使得输出电压 U_o 不是 $0\ V$。

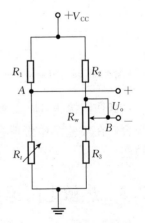

图 7.6　改进的金属热电阻桥式接口电路

解决的方法是采用如图 7.6 所示电路，用串联的固定电阻和可调电阻替换原来的单个电阻，这样就可以通过调整可调电阻 R_w 使电桥在 $0\ ℃$ 时达到平衡。

热电阻测温电桥可采用两线制、三线制和
四线制接法。

热电阻测温电桥的两线制接法如图 7.7
所示。

这种接法虽然具有引线方式结构简单、费
用较低的优点，但引线电阻会带来附加误差，
对测量影响大。所以，此种接法适于引线较短
且对测量精度要求不太高的情况。

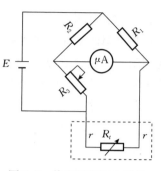

图 7.7　热电阻测温电桥的
两线制接法

热电阻测温电桥的三线制接法如图 7.8
所示。

三线制接法可以减小热电阻与测量仪表之间连接导线的电阻因环境温度变
化所引起的测量误差。该种引线接法适用于工业测量，用于一般精度要求的
测量。

热电阻测温电桥的四线制接法如图 7.9 所示。

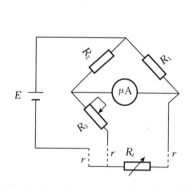

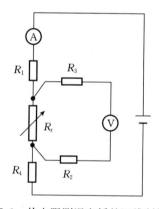

图 7.8　热电阻测温电桥的三线制接法　　图 7.9　热电阻测温电桥的四线制接法

四线制接法可以完全消除引线电阻对测量的影响，适用于高精度温度检测
场合，在实验室中经常使用。工业用铂电阻测温常采用三线制和四线制连
接法。

7.3　热敏电阻温度传感器

7.3.1　热敏电阻的工作原理

热敏电阻温度传感器通常简称为热敏电阻。热敏电阻是利用半导体的阻值

随温度显著变化的特性制成的一种敏感元件，根据电阻的变化得到被测的温度。

在使用材料上，热敏电阻温度传感器与金属热电阻温度传感器不同，它使用半导体材料制成，半导体中参与导电的是载流子。虽然热敏电阻温度传感器的稳定性较差，但它具有较高的灵敏度和较大的温度系数等优点。半导体热敏电阻的电阻率较大，可以制成体积小、热惯性小、响应快的感温元件，时间常数可以小到毫秒级，适于在 $-100 \sim 300$ ℃范围内测温。半导体热敏电阻的缺点是稳定性和互换性较差，电阻-温度特性非线性。

热敏电阻是一种阻值随温度变化的半导体热敏元件，由一些金属氧化物采用不同比例的配方，经高温烧结而成。一般来说，温度变化 1 ℃，半导体热敏电阻的阻值变化 $3\% \sim 6\%$，金属电阻的阻值变化 $0.4\% \sim 0.6\%$。可见，热敏电阻的灵敏度明显高于金属材料制成的热电阻。

一般热敏电阻温度传感器很少在高温环境下进行温度测量，其原因是很多热敏电阻都是先由各种氧化物按照一定的比例混合，之后再经过高温烧结制成的。大多数的热敏电阻具有负的温度系数，所以，当温度升高时，降低了其灵敏度，降低了测量精度。

7.3.2　热敏电阻的特点

热敏电阻具有如下特点：

(1) 结构简单，体积小。

(2) 灵敏度高。

(3) 电阻率高，热惯性小，适宜动态测量。

(4) 阻值与温度变化呈非线性关系。

(5) 材料易加工，工艺性能好。

7.3.3　热敏电阻的温度特性

热敏电阻是一种半导体材料热敏元件，热敏电阻一般可分为正温度系数热敏电阻、负温度系数热敏电阻和临界温度系数热敏电阻 3 类。

1. 负温度系数热敏电阻（NTC）的温度特性

NTC 的电阻-温度关系可以使用如下经验公式表示：

$$R_T = R_{T_0} \cdot e^{B_N \left(\frac{1}{T} - \frac{1}{T_0} \right)} \qquad (7-9)$$

式中　R_T——温度为 T 时负温度系数热敏电阻的阻值；

　　　R_{T_0}——温度为 T_0 时负温度系数热敏电阻的阻值；

　　　B_N——负温度系数热敏电阻的材料常数，选用的材料不同，B_N 的值也不同，即使是相同的材料，B_N 的值与热敏电阻材料配方的比例和方法都有关。

NTC 的温度系数可表示为

$$\alpha_T = \frac{1}{R_T}\frac{dR_T}{dT} = -\frac{B_N}{T^2} \qquad (7-10)$$

负温度系数热敏电阻（NTC）的温度特性曲线如图 7.10 所示。

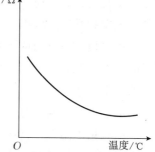

可见，随着温度的升高，增加了半导体内参与导电的电子和空穴的数量，降低了负温度系数热敏电阻的阻值。所以，负温度系数热敏电阻温度传感器的电阻值随着温度的升高而下降。

NTC 主要是由一些过渡金属氧化物半导体陶瓷制成的。为了得到不同的测温范围、温度系数和阻值的负温度系数热敏

图 7.10　NTC 热敏电阻的
温度特性曲线

电阻，通常采用改变混合物（Co、Ni、Mn 的氧化物）成分和配比的烧结方法。负温度系数热敏电阻适用于 $-100\sim300$ ℃ 范围的测温。

根据实验验证，在小于 450 ℃ 的温度范围内，对于负温度系数热敏电阻温度传感器都能用式（7-9）进行温度的测量。为方便使用，通常以 25 ℃ 为参考温度，那么 NTC 热敏电阻温度传感器的电阻-温度关系式为

$$R_T = R_{25} \cdot e^{B_N\left(\frac{1}{T}-\frac{1}{298}\right)} \qquad (7-11)$$

负温度系数热敏电阻温度传感器应用较广泛，如用在自动控制即电子线路的热补偿电路中。

2. 正温度系数热敏电阻（PTC）的温度特性

正温度系数热敏电阻的电阻值随着温度的升高而增大，它是用掺杂的 $BaTiO_3$ 半导体陶瓷制成的。

正温度系数热敏电阻的温度特性曲线如图 7.11 所示。

3. 临界温度系数热敏电阻（CTR）的温度特性

临界温度系数热敏电阻主要是利用其开关特性实现温控，主要用作温度开关。它是由 V、Ba、Si 的氧化物在弱还原气氛中烧结而成。在临界温度时，半导体的电阻值突然下降，这样的半导体电阻称为临界温度系数热敏电阻。

3 种热敏电阻的电阻-温度特性曲线如图 7.12 所示。

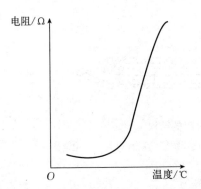

图 7.11　PTC 热敏电阻的温度特性曲线　　　图 7.12　3 种热敏电阻的温度特性曲线

　　各种热敏电阻的阻值在常温下很大，不必采用三线制或四线制接法，给使用带来了方便。

7.3.4　热敏电阻的结构

1. 热敏电阻的外形及封装

热敏电阻的外形及封装如图 7.13 所示。

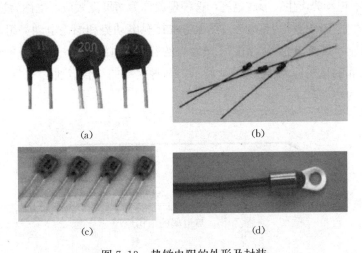

(a)　　　　　　　　　　　　(b)

(c)　　　　　　　　　　　　(d)

图 7.13　热敏电阻的外形及封装

(a) MF12 型 NTC 热敏电阻　　(b) 玻璃封装 NTC 热敏电阻

(c) 聚酯塑料封装热敏电阻　　(d) 带安装孔的热敏电阻

2. 热敏电阻的结构

热敏电阻主要由铂丝、保护管、绝缘柱、电极等部分组成。柱形热敏电阻的结构如图 7.14 所示。

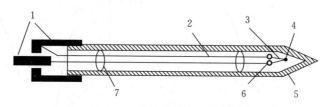

图 7.14　柱形热敏电阻的结构
1. 电极　2. 钍镁丝　3. 铂丝　4. 电阻体　5. 保护管　6. 银焊点　7. 绝缘柱

7.4　热电偶温度传感器

　　热电偶温度传感器简称为热电偶。热电偶是将温度变化转换为电动势变化的热电式传感器。热电偶的结构简单、热惯性小、测量范围宽、精度高等优点使其成为当前广泛使用的温度传感器。热电偶传感器的工作原理是塞贝克效应。

　　1821 年，德国物理学家塞贝克首先发现，对于两种不同材料的金属导体，导体两端分别接在一起构成闭合回路，当连接点处于不同的温度环境下，则在此闭合的回路中有电动势产生，形成电流，这种现象称为塞贝克效应，也称为热电效应。回路中产生的电动势称为热电势，热电势由接触电动势和温差电动势组成。利用塞贝克效应，只要知道闭合回路一端结点的温度就可测出另一端结点的温度。

　　热电偶的结构原理如图 7.15 所示，两种材料的结合点通常一端称为冷端，另一端称为热端。

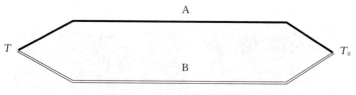

图 7.15　热电偶的结构原理

7.4.1　热电偶温度传感器的工作原理

1. 接触电动势

　　热电偶测温是基于两种不同材料的热电效应。当两种不同的金属 A 和 B 互相接触时，因为不同种类金属内部自由电子的密度不同，所以在两金属 A

和 B 的接触点处会发生自由电子的扩散现象，即自由电子会从自由电子密度较大的金属 A 向自由电子密度较小的金属 B 扩散，得到电子的金属 B 带负电，失去电子的金属 A 带正电，从而产生了热电势，称为接触电动势。如图 7.16 所示。

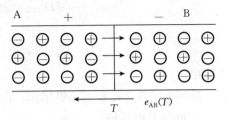

图 7.16　接触电动势示意图

当温度为 T 时，导体 A 与导体 B 的接触电动势可表示为

$$e_{AB}(T) = \frac{kT}{e} \ln \frac{N_{AT}}{N_{BT}} \qquad (7-12)$$

式中　$e_{AB}(T)$——温度 T 时导体 A、B 的接触电动势；

　　　　e——电子电荷量，等于 1.6×10^{-19} C；

　　　　k——玻尔兹曼常数，$k = 1.38 \times 10^{-23}$ J/K；

　　　　N_{AT}——接点温度为 T 时，导体 A 的电子密度；

　　　　N_{BT}——接点温度为 T 时，导体 B 的电子密度。

从式（7-12）可以看出，接触电动势的大小与温度和导体中的电子密度密切相关。

同样可以计算出 A、B 两种金属构成回路在温度 T_0 端的接触电动势为

$$e_{AB}(T_0) = \frac{kT_0}{e} \ln \frac{N_{AT_0}}{N_{BT_0}} \qquad (7-13)$$

需要说明的是，$e_{AB}(T)$ 与 $e_{AB}(T_0)$ 方向相反。

2. 温差电动势

同一均质导体，当其两端温度不同时，导体内形成一温度梯度，使导体内自由电子由热端向冷端扩散并在冷端聚集，使导体内建立起电场。当此电场对电子的作用力与扩散力平衡时，扩散作用停止。电场产生的电势称为此导体的温差电动势或汤姆逊电动势。导体 A 的温差电动势示意图如图 7.17 所示。

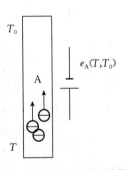

图 7.17　温差电动势示意图

导体 A 的温差电动势可表示为

$$e_A(T, T_0) = \int_{T_0}^{T} \sigma_A \, dt \qquad (7-14)$$

式中　$e_A(T, T_0)$——导体 A 两端温度为 T、T_0 时形成的温差电动势；

　　　　T——导体 A 高温度端的绝对温度（K）；

　　　　T_0——导体 A 低温度端的绝对温度（K）；

σ_A——导体 A 的汤姆逊系数，即导体 A 两端的温度差为 1 ℃时产生的温差电动势。

从式（7-14）可以看出，温差电动势的大小与材料性质及材料两端温度密切相关。

温差电动势与接触电动势相比，数值非常小。

3. 回路总电动势

热电偶闭合回路各电动势如图 7.18 所示，由导体材料 A、B 组成的闭合回路，假设接点的温度分别为 T、T_0，当 $T > T_0$、$N_A > N_B$ 时，回路总的电动势可表示为

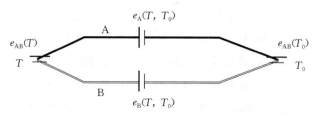

图 7.18　热电偶闭合回路各电动势

$$E_{AB}(T, T_0) = e_{AB}(T) - e_{AB}(T_0) - e_A(T, T_0) + e_B(T, T_0)$$

$$= \frac{kT}{e}\ln\frac{N_{AT}}{N_{BT}} - \frac{kT_0}{e}\ln\frac{N_{AT_0}}{N_{BT_0}} - \int_{T_0}^{T}\sigma_A\mathrm{d}t + \int_{T_0}^{T}\sigma_B\mathrm{d}t$$

$$= \frac{kT}{e}\ln\frac{N_{AT}}{N_{BT}} - \frac{kT_0}{e}\ln\frac{N_{AT_0}}{N_{BT_0}} + \int_{T_0}^{T}(\sigma_B - \sigma_A)\mathrm{d}t \quad (7-15)$$

式中　N_{AT}——导体 A 在接点温度为 T 时的自由电子密度；

N_{BT}——导体 B 在接点温度为 T 时的自由电子密度；

N_{AT_0}——导体 A 在接点温度为 T_0 时的自由电子密度；

N_{BT_0}——导体 B 在接点温度为 T_0 时的自由电子密度；

σ_A——导体 A 的汤姆逊系数；

σ_B——导体 B 的汤姆逊系数。

4. 结论

（1）构成热电偶材料的长度、粗细与产生的电动势无关。

（2）构成热电偶的材料必须是不同的材料。也就是说，如果用相同的材料组成热电偶不会产生电动势。因为如果热电偶的构成材料为同一种，那么

$$N_{AT_0} = N_{BT_0}$$

$$N_{AT} = N_{BT} \quad\quad\quad (7-16)$$

根据公式

$$\frac{kT_0}{e}\ln\frac{N_{AT_0}}{N_{BT_0}}=\frac{kT}{e}\ln\frac{N_{AT}}{N_{BT}}=0 \qquad (7-17)$$

那么，回路中总的电动势如下：

$$E_{AB}(T,\ T_0)=-e_A(T,\ T_0)+e_B(T,\ T_0) \qquad (7-18)$$

因为是同一种材料，所以 $\sigma_A=\sigma_B$，则

$$E_{AB}(T,\ T_0)=\int_{T_0}^{T}(-\sigma_A+\sigma_B)\mathrm{d}t=0 \qquad (7-19)$$

从式（7-19）可以看出，当构成热电偶的材料相同时，即使两端温度不同，接触电动势是零，温差电动势大小相等，但方向相反，所以总的热电动势还是零。

（3）热电偶两端的温度必须不同。也就是说，如果热电偶两端温度相同，即使构成热电偶的材料不同，也不会产生电动势。

因为两端温度相同即 $T=T_0$，则

$$\int_{T_0}^{T}\sigma_A\mathrm{d}t=\int_{T_0}^{T}\sigma_B\mathrm{d}t=0 \qquad (7-20)$$

根据公式

$$E_{AB}(T,\ T_0)=e_{AB}(T)-e_{AB}(T_0)-e_A(T,\ T_0)+e_B(T,\ T_0)$$
$$=\frac{kT}{e}\ln\frac{N_{AT}}{N_{BT}}-\frac{kT_0}{e}\ln\frac{N_{AT_0}}{N_{BT_0}}+\int_{T_0}^{T}(-\sigma_A+\sigma_B)\mathrm{d}t$$
$$=0 \qquad (7-21)$$

从式（7-21）可以得出结论，当热电偶两端的温度相同时，即使构成热电偶的材料不同，此时接触电动势大小相等、方向相反，且温差电势为零，所以总的电动势为零。

总之，热电偶必须具备由不同材料构成且两端温度不同两个条件，两个条件缺一不可。

在制作热电偶时，可用焊接方法把组成热电偶的两种不同材料的接点焊接起来，通常把接点称为工作端或热端，也称为测量端。测量温度时，把热电偶的工作端放入被测温度环境。当被测温度场的温度确定后，构成热电偶的两种材料的未连接端的温度确定热电偶电势的大小，所以一般要求未连接端恒定在某一温度（通常为 0 ℃）中，通常把这一端称为参考端，也称为自由端或冷端。

7.4.2　热电偶的基本定律

1. 均质导体定律

如果闭合回路是由同一种材料的导体组成，即使导体存在温度梯度，回路中

总电动势为零，回路不能形成电流，因此热电偶必须采用两种不同材料作为电极。

2. 中间导体定律

在热电偶回路中接入中间导体，只要中间导体两端的温度相同，则中间导体的接入对热电偶回路的总电动势没有影响，中间导体定律如图 7.19 所示。

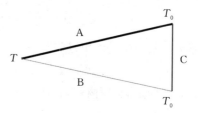

图 7.19　中间导体定律示意图

如图 7.19 所示，闭合回路由 A、B、C 3 种材料组成，则有

$$E_{ABC}(T,\ T_0)=E_{AB}(T,\ T_0) \tag{7-22}$$

式中　$E_{ABC}(T,\ T_0)$——由 A、B、C 3 种材料构成的热电偶闭合回路总电动势；

$E_{AB}(T,\ T_0)$——由 A、B 2 种材料构成的热电偶闭合回路总电动势。

可知在热电偶回路中，如果加入第 3 种均质材料，只要它两端的温度相同，则对回路中的热电势没有影响。

3. 中间温度定律

如果热电偶回路是由两种不同的导体材料组成，则其在接点温度分别为 T_1、T_3 时的热电势等于其在接点温度为 $(T_1,\ T_2)$ 和 $(T_2,\ T_3)$ 时热电势的代数和，即

$$E_{AB}(T_1,\ T_3)=E_{AB}(T_1,\ T_2)+E_{AB}(T_2,\ T_3) \tag{7-23}$$

式中　$E_{AB}(T_1,\ T_3)$——接点温度为 T_1、T_3 时的热电势；

$E_{AB}(T_1,\ T_2)$——接点温度为 T_1、T_2 时的热电势；

$E_{AB}(T_2,\ T_3)$——接点温度为 T_2、T_3 时的热电势。

中间温度定律示意图见图 7.20。

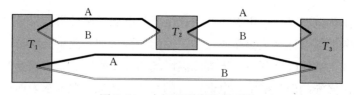

图 7.20　中间温度定律示意图

7.4.3　热电偶的冷端处理及温度补偿方法

1. 冷端恒温法

如图 7.21 所示，冷端恒温法是将热电偶的冷端放在 0 ℃的冰水混合物的

装置中。这种方法又称为冰浴法，需要注意的是，必须把连接点分别置于两个玻璃试管中，浸入同一冰点槽，并相互绝缘，这样可以避免冰水导电引起两个连接点短路，保证测量精度。冷端恒温法是一种理想的补偿方法，但工业上使用不方便。

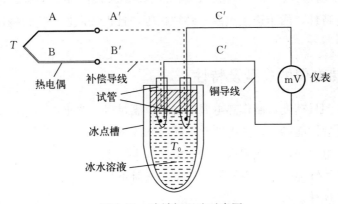

图 7.21　冷端恒温法示意图

2. 电桥补偿法

由于热电偶输出的电动势是两接点温度差的函数，为了使输出的电动势能正确反映被测温度的真实值，通常要求参考端温度保持在 0℃，但有时很难做到这一点。因此，热电偶参考温度端（冷端）T_0 要进行温度补偿。

可以利用不平衡电桥产生的电势来补偿热电偶因冷端温度变化而引起的热电势，如图 7.22 所示。

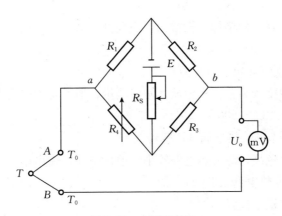

图 7.22　电桥补偿法

3. 补偿导线延伸法

热电偶的长度一般为 $350 \sim 2\,000\,\mathrm{mm}$，为了使热电偶的冷端温度 T_0 比较稳定，需要把热电偶输出的热电势信号传输到距测温现场几十米远的显示仪表上。因此，需要使用由两种不同性质的廉价金属制成的补偿导线把热电偶的冷端延长。在 $0 \sim 100\,℃$ 范围内，要求补偿导线和所配热电偶具有相同的热电特性，两个连接点温度必须相等，且正负极性一定正确连接，不能接错。

7.4.4　热电偶的类型及特性

为保证测量精度，制作热电偶的材料应满足以下要求：

（1）物理性能稳定，热电特性不随时间改变。

（2）热电势高，导电率高，且电阻温度系数小。

（3）化学性能稳定，在不同介质中测量时不易被腐蚀。

（4）复现性好。

（5）便于制造。

1. 热电偶的类型

常用热电偶分为标准热电偶和非标准热电偶两类。常见热电偶的类型如下：

（1）铂铑$_{10}$-铂热电偶（S 型）。

特点：精度较高，是标准热电偶，但热电势小。

测温范围：$<1\,300\,℃$。

（2）镍铬-镍硅热电偶（K 型）。

特点：线性好，价格低，较常用，但精度偏低。

测温范围：$-50 \sim 1\,300\,℃$。

（3）镍铬-铜镍热电偶（E 型）。

特点：灵敏度较高，价格较低，常温测量，但不是均匀线性。

测温范围：$-50 \sim 500\,℃$。

（4）铂铑$_{30}$-铂铑$_6$ 热电偶（B 型）。

特点：精度较高，冷端热电势较小，但价格高，输出小。

（5）铜-铜镍热电偶（T 型）。

特点：低温稳定性好。

2. 常用热电偶的特性

常用热电偶的特性如表 7.4 所示。

表 7.4　常用热电偶的特性

名称	分度号	测量范围/℃	适用气氛	稳定性
铂铑$_{30}$-铂铑$_6$	B	200～1 800	O、N	＜1 500 ℃，优；＞1 500 ℃，良
铂铑$_{13}$-铂	R	−40～1 600	O、N	＜1 400 ℃，优；＞1 400 ℃，良
铂铑$_{10}$-铂	S			
镍铬-镍硅	K	−270～1 300	O、N	中等
镍铬硅-镍硅	N	−270～1 260	O、N、R	良
镍铬-铜镍	E	−270～1 000	O、N	中等
铁-铜镍	J	−40～760	O、N、R、V	＜500 ℃，良；＞500 ℃，差
铜-铜镍	T	−270～350	O、N、R、V	−170～200 ℃，优
钨铼$_3$-钨铼$_{25}$	WR$_{e3}$－WR$_{e25}$	0～2 300	N、V、R	中等
钨铼$_5$-钨铼$_{26}$	WR$_{e5}$－WR$_{e26}$			

注：表中 O 为氧化气氛，N 为中性气氛，R 为还原气氛，V 为真空。

7.4.5　热电偶的结构形式

常见的热电偶结构形式有普通式、铠装式和薄膜式热电偶。

1. 普通式热电偶

普通式热电偶一般由热电极、绝缘管、保护管和接线盒等部分组成，如图 7.23 所示。贵金属热电极的直径一般不大于 0.5 mm，廉价金属热电极直径为 0.5～3.2 mm，热电偶的长度一般为 350～2 000 mm。

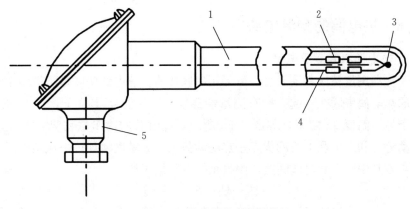

图 7.23　普通式热电偶结构

1. 保护管　2. 绝缘管　3. 热端　4. 热电极　5. 接线盒

普通式热电偶的缺点是热容量大，温度响应较慢。

2. 铠装式热电偶

铠装式热电偶是一种应用范围广泛的热电偶。把热电极、绝缘材料和保护套管组装之后，经拉伸加工制成的组合体就制成了铠装式热电偶，其外径一般为0.5~8 mm，热电偶长度可根据需要截取。铠装式热电偶内部的热电偶丝与外界空气隔绝，具有良好的抗高温氧化、抗低温水蒸气冷凝、抗机械外力冲击的特性。铠装式热电偶的温度响应快，并且具有可弯曲性，使得其适合在复杂场合安装使用。

3. 薄膜式热电偶

薄膜式热电偶是由两种薄膜热电极材料，用真空蒸镀、化学涂层等办法蒸镀到绝缘基板上面制成的一种特殊热电偶，如图 7.24 所示。这种结构的热电偶的热接点可以做得很小，具有热容量小、响应快的特点，适用于微小面积上的表面温度及快速变化的动态温度测量。

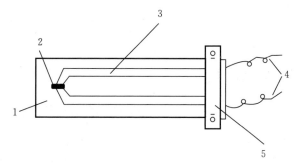

图 7.24　薄膜式热电偶结构

1. 绝缘基板　2. 工作端　3. 热电极　4. 引出导线　5. 接头夹具

7.4.6　热电偶的测温电路

1. 热电偶串联测温电路

为提高测量精度和灵敏度，可采用串联接法。热电偶串联是指把多个型号相同的热电偶串联在一起，所有测量端都处于同一温度 T 之下，所有连接点都处于另一温度 T_0 之下，如图 7.25 所示，此时总的输出电动势是各热电偶的电动势之和。串联电路的优点是热电动势大，灵敏度增加；缺点是由于元件较多，若其中一个热电偶断路，则整个线路不能工作。

$$E = E_1 + E_2 + E_3 + \cdots + E_n \qquad (7-24)$$

可见，串联接法可增大电动势，如果串联电路中使用的是同一型号的热电偶，则总电势是单支热电偶的热电势的 n 倍。

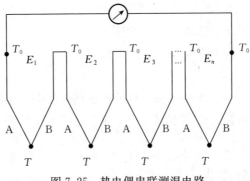

图 7.25　热电偶串联测温电路

如果每个热电偶的绝对误差为 ΔE_1，ΔE_2，$\cdots$，ΔE_n，则整个串联电路的绝对误差为

$$\Delta E_{串} = \sqrt{\Delta E_1^2 + \Delta E_2^2 + \cdots + \Delta E_n^2} \qquad (7-25)$$

如果 $\Delta E_1 = \Delta E_2 = \cdots = \Delta E_n = \Delta E$，那么

$$\Delta E_{串} = \sqrt{n}\,\Delta E \qquad (7-26)$$

所以，串联电路的相对误差为

$$\frac{\Delta E_{串}}{E_{串}} = \frac{\sqrt{n}\,\Delta E}{nE} = \frac{1}{\sqrt{n}}\frac{\Delta E}{E} \qquad (7-27)$$

2. 热电偶并联测温电路

热电偶并联是指把多个型号相同的热电偶的同性电极参考端并联在一起，这种热电偶常用于测量平均温度。热电偶并联测温电路如图 7.26 所示。

如果电路由 n 个热电偶并联而成且每个热电偶线路中串联的均衡电阻相等，则并联电路的总电动势为

$$E_{并} = (E_1 + E_2 + E_3 + \cdots + E_n)/n$$
$$(7-28)$$

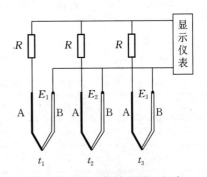

图 7.26　热电偶并联测温电路

其缺点是其中某一热电偶断开时，难以觉察出来。

7.4.7　热电偶的校验和标定

1. 目的

（1）核对热电偶的热电势-温度曲线和热电偶的电阻-温度曲线是否符合

标准。

（2）标定非标准热电偶的热电势-温度曲线。

（3）确定测量系统的系统误差并加以修正。

2. 校验方法

校验的方法有定点法和比较法。对于工业热电偶多采用比较法，如果热电偶经校验，发现误差超出规定范围，可将热电偶原来的热端剪去一段，重新焊接后再校验。

7.4.8 热电偶分度表

镍铬-镍硅（镍铝）热电偶分度表（自由端温度为0℃）如表7.5所示。

表 7.5 镍铬-镍硅（镍铝）热电偶分度表（自由端温度为0℃）

工作端温度/℃	热电动势/mV		工作端温度/℃	热电动势/mV	
	EU-2	K		EU-2	K
−50	−1.86	−1.889	110	4.51	4.508
−40	−1.50	−1.527	120	4.92	4.919
−30	−1.14	−1.156	130	5.33	5.327
−20	−0.77	−0.777	140	5.73	5.733
−10	−0.39	−0.392	150	6.13	6.137
−0	−0.00	−0.000	160	6.53	6.539
+0	0.00	0.000	170	6.93	6.939
10	0.40	0.397	180	7.33	7.338
20	0.80	0.798	190	7.73	7.737
30	1.20	1.203	200	8.13	8.137
40	1.61	1.611	210	8.53	8.537
50	2.02	2.022	220	8.93	8.938
60	2.43	2.436	230	9.34	9.341
70	2.85	2.850	240	9.74	9.745
80	3.26	3.266	250	10.15	10.151
90	3.68	3.681	260	10.56	10.560
100	4.10	4.095	270	10.97	10.969

（续）

工作端温度/℃	热电动势/mV		工作端温度/℃	热电动势/mV	
	EU－2	K		EU－2	K
280	11.38	11.381	590	24.48	24.476
290	11.80	11.793	600	24.90	24.902
300	12.21	12.207	610	25.32	25.327
310	12.62	12.623	620	25.72	25.751
320	13.04	13.039	630	26.18	26.176
330	13.45	13.456	640	26.60	26.599
340	13.87	13.874	650	27.03	27.022
350	14.30	14.292	660	27.45	27.445
360	14.72	14.712	670	27.87	27.867
370	15.14	15.132	680	28.29	28.288
380	15.56	15.552	690	28.71	28.709
390	15.99	15.974	700	29.13	29.128
400	16.40	16.395	710	29.55	29.547
410	16.83	16.818	720	29.97	29.965
420	17.25	17.241	730	30.39	30.383
430	17.67	17.664	740	30.81	30.799
440	18.09	18.088	750	31.22	31.214
450	18.51	18.513	760	31.64	31.629
460	18.94	18.938	770	32.06	32.042
470	19.37	19.363	780	32.46	32.455
480	19.79	19.788	790	32.87	32.866
490	20.22	20.214	800	33.29	33.277
500	20.65	20.640	810	33.69	33.686
510	21.08	21.066	820	34.10	34.095
520	21.50	21.493	830	34.51	34.502
530	21.93	21.919	840	34.91	34.909
540	22.35	22.346	850	35.32	35.314
550	22.78	22.772	860	35.72	35.718
560	23.21	23.198	870	36.13	36.121
570	23.63	23.624	880	36.53	36.524
580	24.05	24.050	890	36.93	36.925

（续）

工作端温度/℃	热电动势/mV		工作端温度/℃	热电动势/mV	
	EU-2	K		EU-2	K
900	37.33	37.325	1 140	46.60	46.612
910	37.73	37.724	1 150	46.97	46.935
920	38.13	38.122	1 160	47.34	47.356
930	38.53	38.519	1 170	47.71	47.726
940	38.93	38.915	1 180	48.08	48.095
950	39.32	39.310	1 190	48.44	48.462
960	39.72	39.703	1 200	48.81	48.828
970	40.10	40.096	1 210	49.21	49.192
980	40.49	40.488	1 220	49.53	49.555
990	40.88	40.897	1 230	49.89	49.916
1 000	41.27	41.269	1 240	50.25	50.276
1 010	41.66	41.657	1 250	50.61	50.633
1 020	42.04	42.045	1 260	50.96	50.990
1 030	42.43	42.432	1 270	51.32	51.344
1 040	42.83	42.817	1 280	51.67	51.697
1 050	43.21	43.202	1 290	52.02	52.049
1 060	43.59	43.585	1 300	52.37	52.398
1 070	43.97	43.968	1 310		52.747
1 080	44.34	44.349	1 320		53.039
1 090	44.72	44.729	1 330		53.439
1 100	45.10	45.108	1 340		53.782
1 110	45.48	45.486	1 350		54.125
1 120	45.85	45.863	1 360		54.466
1 130	46.23	46.238	1 370		54.807

7.5 半导体 PN 结温度传感器

半导体 PN 结温度传感器是测量常温区温度的理想器件，它是基于半导体硅材料的 PN 结的正向导通电压与温度变化近似呈线性关系的原理，将对温度的测量转换成对电压的测量。

PN 结温度传感器的主要优点如下：

（1）线性度好。线性度优于热敏电阻 30 倍。

（2）灵敏度高。PN 结温度传感器的灵敏度较热电偶 K 分度高出 50 倍。

（3）响应快。响应速度是铂电阻的 20 倍。

（4）无须冷端补偿。

PN 结温度传感器的缺点是一致性较差。

硅管的 PN 结的结电压在温度每升高 1 ℃时，下降约 2 mV，利用这种特性，可直接采用二极管或采用硅晶体管接成二极管来做 PN 结温度传感器。典型的温度特性曲线如图 7.27 所示。

半导体测温系统可利用晶体二极管或晶体三极管作为感温元件。二极管作为感温元件时测量

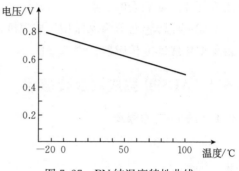

图 7.27　PN 结温度特性曲线

误差较大，如果使用三极管（也称为晶体管）作为敏感元件，则能较好地解决测量误差较大的问题。

在晶体管集电极电流恒定的情况下，发射结的正向电压随温度的上升而线性下降。晶体管比二极管具有更好的线性和互换性。

温敏晶体管基本电路如图 7.28 所示。

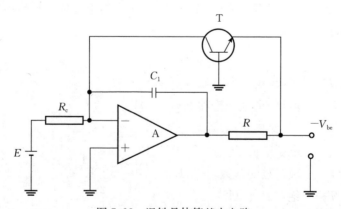

图 7.28　温敏晶体管基本电路

电路由运放和温敏三极管组成，T 为温敏晶体管，作为反馈元件跨接在运放的反向输入端和输出端，电容 C_1 的作用是防止寄生振荡，温敏晶体管的基极接地。

7.6 集成温度传感器

把敏感器件、信号放大电路、温度补偿电路、基准电源电路等各个单元集成在一块极小的半导体芯片中就构成了集成温度传感器。集成温度传感器具有使用方便和成本低廉的优点。

集成温度传感器分为电压型集成温度传感器、电流型集成温度传感器和数字输出型集成温度传感器。

7.6.1 AD590 集成温度传感器

1. AD590 工作原理

AD590 是电流输出型集成温度传感器，它是由美国模拟器件公司利用 PN 结正向电流与温度的关系研制的集成温度传感器。它具有线性优良、灵敏度高、无须补偿、热容量小、抗干扰能力强且使用方便等很多优点。AD590 常常用于冰箱、空调、粮仓、冰库等温度的测量。

根据其特性分挡，AD590 的后缀分别以 I、J、K、L、M 等表示。一般用于精密温度测量电路的是 AD590L、AD590M。

AD590 的引脚和电路符号如图 7.29 所示。它是采用金属壳 3 脚封装，其中 1 脚为电源正端 $V+$，2 脚为电流输出端 $I_\circ$，3 脚为管壳，一般不用。

AD590 通过利用硅晶体管的基本性能来实现与温度成正比这一特性，PN 结的伏安特性方程为

$$I=I_s(e^{\frac{qU}{kT}}-1)\approx I_s \cdot e^{\frac{qU}{kT}} \qquad (7-29)$$

式中　I——PN 结的正向电流 （A）；

I_s——PN 结的反向饱和电流 （A）；

U——PN 结的正向压降 （V）；

q——电子电荷量，$q=1.602\times10^{-19}$(C)；

k——玻尔兹曼常数，$k=1.38\times10^{-23}$(J/K)；

T——绝对温度 （K）。

由式 （7-29） 可知，$\frac{I}{I_s}\approx e^{\frac{qU}{kT}}$，所以

$$U=\frac{kT}{q}\cdot\ln\frac{I}{I_s}=\frac{kT}{q}\cdot\ln J \qquad (7-30)$$

由式 （7-30） 可知，U 与绝对温度 T 成正比。

当被测温度一定时，AD590 相当于一个恒流源。AD590 感温部分原理电路如图 7.30 所示。

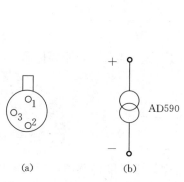

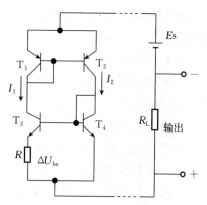

图 7.29　AD590 的引脚和电路符号
（a）引脚　（b）电路符号

图 7.30　AD590 感温部分原理电路

直流电源为 4～30 V，输出端串接一个恒值电阻，其阻值为 1 kΩ，那么该恒值电阻上流过的电流就和被测温度成正比，电阻两端将会有 1 mV/K 的电压信号。其中，T_1、T_2 起恒流作用，可用于使左右两支路的集电极电流 I_1 和 I_2 相等；T_3、T_4 是感温用的晶体管，两个管的材质和工艺完全相同，但 T_3 实质上是由 n 个晶体管并联而成，所以其结面积是 T_4 的 n 倍。T_3 和 T_4 的发射结电压 U_{be3} 和 U_{be4} 经反极性串联后加在电阻 R 上，所以 R 上的端电压为 ΔU_{be}。

因此，电流 I_1 为

$$I_1 = \frac{\Delta U_{be}}{R} = \frac{kT}{q}(\ln n)/R \tag{7-31}$$

对于 AD590，$n=8$，这样，电路的总电流将与热力学温度 T 成正比，检测电流流经负载电阻 R_L 上便可得到与 T 成正比的输出电压。电路中利用了恒流特性，因此电源电压和导线电阻不会影响到输出信号。图 7.30 中的电阻 R 是在硅板上形成的薄膜电阻，该电阻采用激光技术修正了其电阻值，所以在基准温度下可得到 1 μA/K 的电流值。

2. AD590 主要特点

（1）流过器件的电流等于器件所处环境的热力学温度值，即温度升高 1 K，电流增加 1 μA，0 ℃时输出电流为 273.2 μA，电流 $I(\mu A)$ 与温度 t（℃）的关系可用函数表示为 $I=273+t$。

（2）测温范围宽，为 −55～150 ℃。

（3）电源电压为 4～30 V。

（4）输出电阻为 710 MΩ。

（5）线性度好，满刻度范围为 ±0.3 ℃。

（6）AD590 的接口电路简单，不需要外围温度补偿和线性处理电路，便于安装和调试，互换性好。

（7）精确度高。

（8）不易受接触电阻、引线电阻、噪声的干扰，能实现长距离传输，同样具有很好的线性特性。

（9）温度系数为 1 μA/℃。

（10）灵敏度为 1 μA/℃。

3. AD590 的应用电路

集成温度传感器 AD590 是属于电流输出型集成温度传感器，即因温度的变化而改变输出的电流值，这样的传感器要把电流的感测值转换成处理器或者系统取样转换的电压，测量电流的方法主要有两种：压降法和分流法。

（1）压降法。AD590 压降法电路如图 7.31 所示。

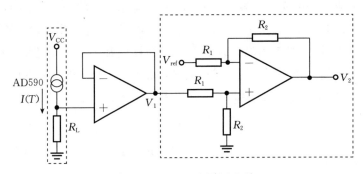

图 7.31　AD590 压降法电路

它的第一部分就是传感器本身，接上一个负载电阻 R_L；第二部分是一个提供适度的电流驱动能力电压跟随器，它的阻抗非常大；第三部分是差动放大电路。

$I(T)$ 会随着 AD590 感应的温度的变化做线性变化，即 $I(T)=I(0)+\alpha T$，V_1 是运算放大器负端的输入电压，因为运算放大器的正端电压等于负端电压，所以

$$V_1=I(T)\times R_L=[I(0)+\alpha T]\times R_L \qquad (7-32)$$

后面的差动放大电路如图 7.32 所示。

$$V_2=\frac{R_2}{R_1}\times(V_1-V_{ref})=\frac{R_2}{R_1}\times[(I(0)+\alpha T)\times R_L-V_{ref}] \quad (7-33)$$

电路特性：

① 转换电路要有非常高的输入阻抗才能使电流 $I(T)$ 全部流入 R_L。

② 使用差动放大器，使待测温度的下限（如 0 ℃）能得到 0 V 的输出。

③ 通过调整 R_2 和 R_1 的比值就可控制运算放大器的放大倍数，在上限的时候可以达到后面的处理器可以接受的范围。

（2）分流法。AD590 分流法电路如图 7.33 所示。

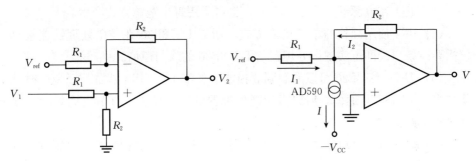

图 7.32　差动放大部分　　　　图 7.33　AD590 分流法电路

因为 $V_+ = V_- = 0$，所以

$$I_1 = \frac{V_{ref}}{R_1} \qquad\qquad (7-34)$$

因为 $I = I(0) + \alpha T$，所以

$$
\begin{aligned}
V &= I_2 \times R_2 = (I - I_1) \times R_2 \\
&= [I(0) + \alpha T - I_1] \times R_2 \\
&= \left[I(0) + \alpha T - \frac{V_{ref}}{R_1} \right] \times R_2 \qquad (7-35)
\end{aligned}
$$

由式（7-35）可以看出，通过调整 R_1 可使待测温度下限值的输出归零，即待测物理量的下限可以得到 0 V 的输出电压。可通过直接调整 R_2 来改变待测物理量的输出上限。

以上是电流处理电路，倍数转换必须把电流信号转换成处理器或后面系统可以接受的电压信号，把电压输入调整为最大，测量的上限等于后面电路处理部分的输入上限，这样就可以达到好的测量效果。

7.6.2　DS18B20 数字式温度传感器

DS18B20 是美国达拉斯（DALLAS）公司生产的智能数字式温度传感器，可把温度信号直接转换成串行数字信号供微机处理。其采用一线式即单总线，将数据线、地址线和控制线合为一条双向串行传输数据的信号线，并且在这条信号线上允许挂接若干 DS18B20 器件。DS18B20 采用小体积封装形式，是高封装的传感器件，能够直接和单片机通过串口通信，获取温度值较为简便。

DS18B20 性能指标如下：

（1）−55～125 ℃的温度测量范围。

（2）通过编程可实现 1/16～1/2 的 4 级精度的转换精度、0.062 5 ℃的温度分辨率，被测温度用符号扩展的 16 位数字量方式串行输出。

（3）其工作电源既可在远端引入，也可采用寄生电源方式产生。

（4）由于使用独特的单线接口方式，所以 DS18B20 在与微处理器连接时仅需要一条口线即可实现微处理器与 DS18B20 的双向通信。

（5）多个 DS18B20 可以并联到 3 根或 2 根线上，CPU 只需一根端口线就能与多个 DS18B20 通信，所以占用微处理器的端口较少，可节省大量的引线和逻辑电路。

（6）用户可自己设定非易失性的报警上下限值，报警搜索命令可识别哪片 DS18B20 温度超限。

（7）芯片本身带有命令集和存储器。

以上特点使 DS18B20 非常适合用于远距离多点温度检测系统。

1. DS18B20 的引脚和封装

DS18B20 的外部形状及管脚排布如图 7.34 所示。DS18B20 共有两种封装方式：PR‑35 封装和 SOSI 封装。

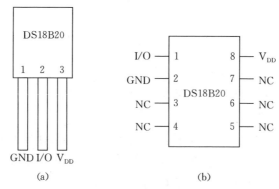

图 7.34　DS18B20 的外部形状及管脚排布

（a）PR‑35 封装　（b）SOSI 封装

GND. 接地端　V_{DD}. 外接供电电源输入端　I/O. 数字信号输入/输出端　NC. 空引脚

2. DS18B20 的内部结构

DS18B20 主要由温度传感器、高温触发器、低温触发器、配置寄存器和

64 位 ROM 等部分组成。DS18B20 内部还包括寄生电源、电源检测、存储与控制逻辑、8 位循环冗余校验码（CRC）生成器等其他部分，如图 7.35 所示。

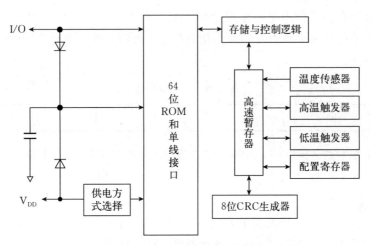

图 7.35　DS18B20 的内部结构

产品出厂前，ROM 中的 64 位序列号被光刻好，其可被看成该 DS18B20 的地址序列码。所以，每个 DS18B20 的 64 位序列号都不相同。其中，前 8 位是产品家族码，之后的 48 位是 DS18B20 的序列号，最后的 8 位是前面 56 位的循环冗余校验码（CRC）。ROM 的作用是令各个 DS18B20 都不相同，达到用一根总线挂接多个 DS18B20 的目的。

3. DS18B20 的存储器及操作命令

DS18B20 的内部存储器包括高温触发器 TH 和低温触发器 TL、配置寄存器、高速暂存 RAM(9 个连续字节)。其中，高速暂存 RAM 的组成为温度的低位字节、温度的高位字节、TH 使用字节、TL 使用字节、配置寄存器使用字节、保留字节、CRC 校验字节。

DS18B20 中的温度传感器可完成对温度的测量，以 12 位转化为例：用 16 位符号扩展的二进制补码读数形式提供，以 0.062 5℃/LSB 形式表述，其中 S 为符号位。

温度低位字节和温度高位字节数据格式如表 7.6 和表 7.7 所示。

表 7.6　温度低位字节（LSB）

2^3	2^2	2^1	2^0	2^{-1}	2^{-2}	2^{-3}	2^{-4}

表 7.7　温度高位字节（MSB）

S	S	S	S	S	2^6	2^5	2^4

　　配置寄存器的作用是确定温度值的数字转换分辨率，DS18B20 工作时按此寄存器中的分辨率将温度转换为相应精度的数值。配置寄存器的各位意义如表 7.8 所示。

表 7.8　配置寄存器

TM	R1	R0	1	1	1	1	1

　　TM 称为测试模式位，用来设置 DS18B20 处于工作模式还是处在测试模式状态。在 DS18B20 出厂时，TM 位被设置为 0（用户不要去改动），R1 和 R0 用来设置分辨率。

　　高温触发器 TH 和低温触发器 TL、配置寄存器都由 E^2PROM 组成。使用存储器功能命令进行写入配置寄存器或 TH、TL 操作。

　　高速暂存器是一个存储器（9 个字节），如表 7.9 所示，其中，1、2 字节包含被测温度的数字量信息；3、4、5 字节分别是 TH、TL、配置寄存器的临时副本，当每一次上电复位时被刷新；6、7、8 字节未用，全为 1；第 9 字节读出的是前面所有 8 个字节的 CRC 码，可用来保证通信正确。

表 7.9　高速暂存器

温度低位	温度高位	TH	TL	配置	保留	保留	保留	8 位 CRC
LSB			DS18B20 存储器映像图					MSB

　　DS18B20 完成温度转换之后，就比较测得的温度值与 RAM 中的 TH、TL 字节内容，若 T 不在 ［TL，TH］ 之内，则置位器件内的告警标志，并对主机发出告警搜索命令。

　　DS18B20 中有 5 条对 ROM 的操作命令，如表 7.10 所示。

表 7.10　DS18B20 的 ROM 操作命令

操作命令	33H	55H	CCH	F0H	ECH
含义	读 ROM	匹配 ROM	跳过 ROM	搜索 ROM	报警搜索 ROM

　　主机在执行完 ROM 操作指令后，就可利用表 7.11 中的操作指令对 DS18B20 内部的存储器进行操作。

表 7.11　DS18B20 的存储器操作命令

操作命令	4EH	BEH	48H	44H	B8H	B4H
含义	写	读	内部复制	温度转换	重新调出	读电源

4. DS18B20 的测温原理

DS18B20 的测温原理如图 7.36 所示，其一个工作周期可分为两个部分：温度检测与数据处理。低温度系数晶振的作用是产生用来送给减法计数器 1 的脉冲信号，高温度系数晶振所产生的信号为减法计数器 2 提供脉冲输入，当图 7.36 中隐含的计数门打开时，DS18B20 就对低温度系数振荡器产生的时钟脉冲进行计数，来完成温度测量。高温度系数振荡器用来决定计数门的开启时间，每次测量之前，先将−55 ℃所对应的基数分别置入减法计数器 1 和温度寄存器中。减法计数器 1 对低温度系数晶振产生的脉冲信号做减法计数，当减法计数器 1 的预置值减到 0 时，温度寄存器的值就加 1，减法计数器 1 的预置将重新被装入，减法计数器 1 重新开始对低温度系数晶振产生的脉冲信号进行计数，如此循环，直到减法计数器 2 计数到 0 时，温度寄存器值就停止累加，这时温度寄存器中的数值就是所测温度。

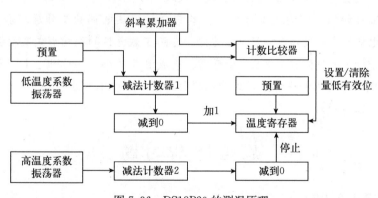

图 7.36　DS18B20 的测温原理

本 章 小 结

温度是工农业生产中常见的参数，工农业生产的很多领域都与温度的测量有着密切的关系。按温度测量时传感器与被测物体是否接触，分为接触式测量和非接触式测量。温度传感器分为热电阻温度传感器、热敏电阻温度传感器、热电偶温度传感器、半导体 PN 结温度传感器和集成温度传感器等。使用的测温敏感材料是金属的温度传感器称为金属热电阻温度传感器，简称为热电阻。常见的金属热电阻传感器主要有铂热电阻和铜热电阻。热电阻内部引线方式包括二线制、三线制、四线制3种方式。热敏电阻是利用半导体的阻值随温度显著变化的特性制成的一种敏感元件，根据电阻的变化得到被测的温度。半导体热敏电阻的电阻率较大，可以制成体积小、热惯性小、响应快的感温元件；缺点是电阻温度特性分散性大，稳定性差，非线性较严重。热敏电阻一般可分为正温度系数热敏电阻、负温度系数热敏电阻和临界温度系数热敏电阻3种。

热电偶是将温度变化转换为电动势变化的热电式传感器。热电偶结构简单、热惯性小、测量范围宽、精度高等优点使其成为当前广泛使用的温度传感器。热电偶传感器的工作原理是塞贝克效应。常见的热电偶结构形式有普通式、铠装式和薄膜式三种。热电偶的测温电路分为串联和并联两种方式。

半导体PN结温度传感器是测量常温区内温度的理想器件，它是基于半导体硅材料的PN结的正向导通电压与温度变化近似呈线性关系的原理，将对温度的测量转换成对电压的测量。

AD590和DS18B20是两种常见的集成温度传感器。

本章给出了温度的基本概念、温标的种类、温度的测量方式，详细分析了热电阻温度传感器的原理、内部引线方式及测量电路。本章介绍了热敏电阻的种类、温度特性、结构及工作原理。本章分析了热电偶的工作原理和基本定律、热电偶的冷端处理及温度补偿方法，介绍了热电偶的结构形式及测温电路。本章还分析了半导体PN结温度传感器、集成温度传感器AD590、DS18B20的工作原理，为使用和设计热电式传感器打下了基础。本章应重点掌握各种温度传感器的工作原理。

思 考 题 与 习 题

1. 简述AD590的工作原理。
2. 温标的种类有哪些？
3. 温度的测量方式有哪些？
4. 什么是温度传感器？
5. 温度传感器的种类有哪些？
6. 热电阻的内部引线方式有哪几种？
7. 什么是热电效应？
8. 热电势由哪几部分组成？

9. 什么是接触电动势？

10. 什么是温差电动势？

11. 简述热电阻的测温原理。

12. 常用的热电阻有哪几种？

13. 简述热敏电阻的工作原理。

14. 热敏电阻分为哪 3 种类型？

15. 热敏电阻有何优点？按电阻随温度变化的典型特性，热敏电阻可分为哪几种类型？

16. 简述热电阻与热敏电阻的区别。

17. 简述 DS18B20 的测温原理。

18. 简述热电偶温度传感器的工作原理。

19. 热电偶产生热电势的必要条件是什么？

20. 热电偶的种类有哪些？

21. 热电偶的特点有哪些？

22. 常见的热电偶结构形式有哪些？

23. 热电偶测温时，为什么要进行冷端温度补偿？

24. 热电偶冷端温度的补偿方法有哪几种？

25. 简述半导体 PN 结温度传感器的工作原理。

26. 半导体 PN 结温度传感器有哪些优点？

27. 半导体 PN 结温度传感器有哪些缺点？

28. AD590 温度传感器是电压输出型还是电流输出型？

第8章 霍尔式传感器

霍尔式传感器是基于霍尔效应，将电流、磁场、位移、压力等被测量转换成电动势输出的一种传感器。1879年，美国物理学家霍尔发现了霍尔效应，在金属或半导体两端通以强度为I的电流，在垂直于金属或半导体方向上加磁场，则在垂直于电流和磁场方向有电动势产生，这种电动势称为霍尔电动势，这种效应称为霍尔效应，半导体薄片称为霍尔元件。霍尔式传感器既是一种集成电路，又是一种磁敏传感器。霍尔式传感器由霍尔元件组成，霍尔式传感器可用于计数、测速等多种工业测控系统。

8.1 霍尔式传感器的工作原理

8.1.1 霍尔效应原理

如图8.1所示，把一个长度为l、宽度为b、厚度为d的半导体薄片放在磁感应强度为B的磁场中，磁场方向与薄片所在平面垂直，在薄片相对的两边通上电流I，电流方向与磁场方向正交，那么在垂直于电流与磁场方向的半导体两侧有电动势U_H产生。

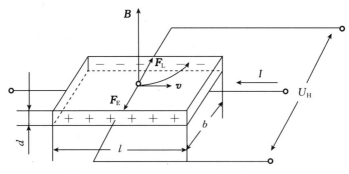

图8.1 霍尔效应原理

假设所使用的霍尔元件材料是 N 型半导体，外磁场 B 垂直于霍尔元件所在的平面，半导体左右两端通过的电流为I，那么半导体中的电子运动方向与

电流 I 方向相反，在受到的外磁场 $\boldsymbol{B}$ 的作用下，导致电子受到洛伦兹力 $\boldsymbol{F}_\mathrm{L}$ 的作用使运动方向发生偏转，使霍尔元件的前后两端间形成了电场。电子在该电场中受到的电场力 $\boldsymbol{F}_\mathrm{E}$ 阻碍了电子继续偏转，最终电子的积累和偏转会达到平衡。如果电子的速度为 v，则电子受到的洛伦兹力为

$$F_\mathrm{L}=evB \tag{8-1}$$

电子受到的电场力为

$$F_\mathrm{E}=-eE_\mathrm{H} \tag{8-2}$$

因为

$$E_\mathrm{H}=\frac{U_\mathrm{H}}{b} \tag{8-3}$$

式中　b——霍尔元件的宽度。

则电子受到的电场力可表示为

$$F_\mathrm{E}=-\frac{eU_\mathrm{H}}{b} \tag{8-4}$$

当电子的偏转积累使得电子受到的力达到动态平衡时

$$F_\mathrm{E}+F_\mathrm{L}=0 \tag{8-5}$$

所以

$$vB=\frac{U_\mathrm{H}}{b} \tag{8-6}$$

半导体中的电流密度为

$$j=-nev \tag{8-7}$$

式中　n——N 型半导体中的电子浓度。

所以

$$I=j\times db=-nevdb \tag{8-8}$$

则

$$v=-\frac{I}{nedb} \tag{8-9}$$

式中　d——霍尔元件的厚度。

把式（8-9）代入式（8-6），得

$$U_\mathrm{H}=-\frac{IB}{ned}=R_\mathrm{H}\frac{IB}{d}=K_\mathrm{H}IB \tag{8-10}$$

式中　R_H——霍尔系数，$R_\mathrm{H}=-\dfrac{1}{ne}$，它是由材料的物理性质决定的；

K_H——灵敏度系数，$K_H = \dfrac{R_H}{d} = -\dfrac{1}{ned}$。

如果磁场 $\boldsymbol{B}$ 的方向不是与霍尔元件所在平面垂直，而是与霍尔元件所在平面的法线的夹角为 θ，则

$$U_H = K_H I B \cos\theta \qquad\qquad (8-11)$$

霍尔元件都是由半导体材料制成的，不是由金属材料制成的，原因是金属材料中自由电子的浓度 n 很大，导致 R_H 较小，使得 U_H 很小。因此，金属不适合制作霍尔元件，只有半导体才是制作霍尔元件的理想材料。

根据 $K_H = \dfrac{R_H}{d} = -\dfrac{1}{ned}$，可知霍尔元件的厚度 d 越小，K_H 就越大。所以，霍尔元件一般都做得较薄。

由公式 $U_H = K_H I B$ 可知，霍尔元件的材料和尺寸大小确定以后，霍尔效应产生的电动势的大小与控制电流和磁感应强度之积成正比。所以，当控制电流不变时，可用来测量磁感应强度；当磁感应强度不变时，可用来确定控制电流。基于霍尔效应的霍尔传感器，可以通过测量霍尔电势来测量磁场，或用来测量产生或影响磁场的物理量，通常用来测量微小位移、机械振动和压力。

8.1.2　霍尔元件的外形、结构、符号及主要特性参数

1. 霍尔元件的外形

霍尔元件的外形如图 8.2 所示。

2. 霍尔元件的结构

霍尔元件是基于霍尔效应工作的半导体器件。霍尔元件由霍尔片、4 根引线和壳体组成，如图 8.3 所示。

图 8.2　霍尔元件的外形

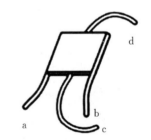

图 8.3　霍尔元件的结构示意图

霍尔片一般是尺寸为 4 mm×2 mm×1 mm 的半导体单晶薄片。如图 8.3 所示，a、b 是从矩形半导体薄片的长度方向的两个侧面上焊接的一对电极引

线，这对电极称为控制电极，常用红色导线，其作用是对半导体薄片加控制电流。控制电极也称为激励电极，控制电流也称为激励电流。要求焊接处焊接电阻很小，并呈纯电阻，即欧姆接触。c、d 是从矩形半导体薄片的另两个侧面中间以点的形式焊接的一对电极，这对电极称为霍尔电极，输出引线常用绿色导线，其作用是用来从半导体薄片上引出霍尔电势。要求欧姆接触，且电极宽度与基片长度之比小于 0.1，否则影响输出。另外，可用陶瓷、金属或环氧树脂把半导体基片封装起来。

由于霍尔元件半导体基片上的霍尔电极所处的位置和电极的宽度是影响霍尔电动势的两个重要因素，所以一般情况下把霍尔电极放置在霍尔半导体基本长度的中间位置，而且电极宽度要远远小于霍尔电极基片的长度，这样才能保证测量的准确性。

3. 霍尔元件的电路符号

霍尔元件电路符号如图 8.4 所示。

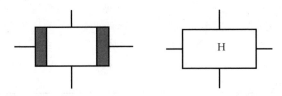

图 8.4 霍尔元件电路符号

4. 霍尔元件的主要特性参数

（1）输入电阻和输出电阻。输入电阻是指激励电极间的电阻值。对外电路来说，霍尔电极输出电势相当于一个电压源，其电源内阻即为输出电阻。输入电阻、输出电阻的阻值是在 20～25 ℃环境下确定的。

（2）额定激励电流和最大允许激励电流。额定激励电流是指当霍尔元件自身温度升高 10 ℃时所流过的激励电流。

最大允许激励电流是指以霍尔元件允许最大温升为限制所对应的激励电流。因为霍尔电势随激励电流增加而增加，所以应选用尽可能大的激励电流，因而需要知道霍尔元件的最大允许激励电流，同时还应改善霍尔元件的散热条件以增加激励电流。

（3）不等位电势和不等位电阻。不等位电势是指霍尔元件在额定控制电流作用下，无外加磁场时，其霍尔电极间的电势。要完全消除霍尔元件的不等位电势很困难，一般要求不等位电势小于或等于 1 mV。不等位电势与额定激励电流之比称为不等位电阻。

8.1.3 霍尔元件的材料

（1）锗（Ge）。N 型及 P 型均可，其中 N 型锗容易加工制造，其霍尔系数、温度性能和线性度都较好。

（2）硅（Si）。N 型及 P 型均可，N 型硅的线性度最好，其霍尔系数、温度性能同 N 性锗相近。

（3）砷化铟（InAs）和锑化铟（InSb）。砷化铟的霍尔系数较小，温度系数也较小，输出特性线性度较好；锑化铟对温度最敏感，尤其在低温范围温度系数大，但在室温时其霍尔系数较大。

表 8.1 列出的是制作霍尔元件的几种半导体材料的主要参数。

表 8.1　制作霍尔元件的几种半导体材料的主要参数

材料（单晶）	禁带宽度 E_g/eV	电阻率 $\rho/(\Omega \cdot cm)$	电子迁移率 $\mu/[cm^2/(V \cdot s)]$	霍尔系数 $R_H/(cm^3/C)$	$\mu\rho^{1/2}$
N 型锗	0.66	1.0	3 500	4 250	4 000
N 型硅	1.107	1.5	1 500	2 250	1 840
锑化铟	0.17	0.005	60 000	350	4 200
砷化铟	0.36	0.003 5	25 000	100	1 530
磷砷铟	0.63	0.08	10 500	850	3 000

8.1.4 霍尔式传感器的优缺点

1. 优点

（1）结构简单，体积小，重量轻。

（2）可靠性高。

（3）功耗小。

（4）易于集成化。

（5）频率响应宽。

2. 缺点

（1）温度影响大，高精度测量时需进行温度补偿。

（2）转换效率低。

8.1.5 霍尔元件的连接

（1）当控制电流为直流供电时，为得到较大的霍尔输出，可将多个霍尔元件的霍尔电势输出端串联，同时把多个霍尔元件的控制电极通过电阻并联，如

图 8.5 所示。这样输出电势 U_H 为各个霍尔元件上的输出电势之和。

（2）当控制电流为交流时，采用如图 8.6 所示的连接方式，控制电流端串联，各元件霍尔电势输出端接输出变压器的初级绕组，变压器的次级就有霍尔电势信号的叠加值输出，这样可以增加霍尔输出电势及功率。

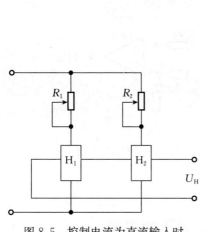

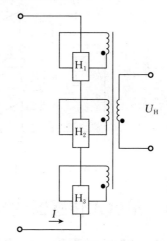

图 8.5　控制电流为直流输入时
霍尔元件的连接

图 8.6　控制电流为交流输入时
霍尔元件的连接

8.2　霍尔元件的基本测量电路

霍尔式传感器的基本测量电路如图 8.7 所示。

霍尔式传感器的基本测量电路比较简单，R_w 的作用是调节控制电流 I 的大小，R_L 为负载电阻，可以是放大器的输入电阻或测量仪表的内阻。霍尔元件的输出电压不能太小，否则无法保证测量的准确性。因此，通常采用差分放大电路放大霍尔元件的输出电压，如图 8.8 所示。

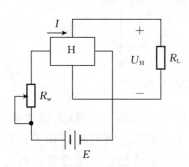

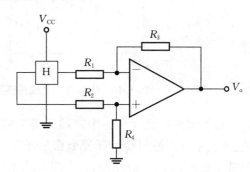

图 8.7　霍尔式传感器的基本测量电路

图 8.8　霍尔式传感器的单运放差分放大测量电路

还可采用更精确的三运放差分放大测量电路来解决应用一个运算放大器导致霍尔元件的输出电阻可能会大于运算放大器的输入电阻的问题，如图 8.9 所示。

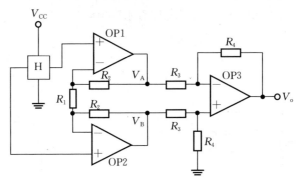

图 8.9　霍尔式传感器的三运放差分放大测量电路

8.3　霍尔式传感器的应用

8.3.1　开关型霍尔元件在转速测量上的应用

开关型霍尔元件简称接近开关。如图 8.10 所示，它由霍尔元件、稳压电路、触发器、OC 门等组成，其特点是更适合于数字处理系统，输出信号为电平。所以，霍尔电路具有较强的抗干扰能力。

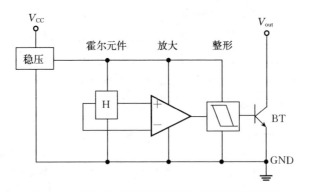

图 8.10　霍尔开关集成传感器内部电路原理框图

开关型霍尔元件是一个三端元件，V_{CC} 为电压输入端，GND 为接地端，V_{out} 为霍尔电压输出端。开关型霍尔元件常用于检测转速等与距离相关的物理量。如图 8.11（a）所示，当测量转速时，将霍尔式接近开关放置在转盘附近。当转盘转动时，使得霍尔元件受到的磁场强度不断地发生强弱变化。

这种变化的磁场信号经过开关型霍尔元件内部处理，最终输出如图 8.11
（b）所示的规整的霍尔电压，输出的霍尔电压的频率可换算成被测物体的
转速。

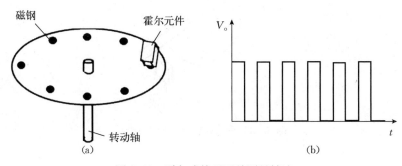

图 8.11　霍尔式接近开关测量转速

（a）原理示意图　（b）输出霍尔电压脉冲波形

8.3.2　霍尔式接近开关

霍尔式接近开关是一个无接触磁控开关，当磁铁靠近时，开关自动接通；
当磁铁离开后，开关自动断开，如图 8.12 所示。

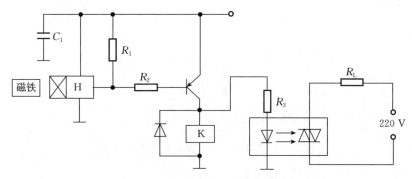

图 8.12　霍尔式接近开关电路

8.3.3　霍尔式转速传感器

如图 8.13 所示，霍尔式转速传感器固定在转盘附近，使转速传感器转盘
的输入轴和被测转轴连接在一起，被测转轴的转动带动了转盘的转动，作用
在霍尔元件上的磁通量发生变化，此时霍尔传感器在每一个小磁场通过时都
会产生一个脉冲，转速即为单位时间的脉冲数。在测低转速的情况下，可使

用此种方法。

图 8.13　霍尔式转速传感器原理

8.3.4　霍尔式汽车无触点点火装置

　　传统的机电气缸点火装置采用的是机械方式，存在点火时间不准确、触点易腐蚀等缺点。为克服这些缺点，可采用霍尔开关无触点电子点火装置，如图 8.14 所示。该装置包括磁轮鼓、开关型霍尔集成电路、晶体管功率开关、点火线圈、点火塞等部分，提高了燃烧效率。

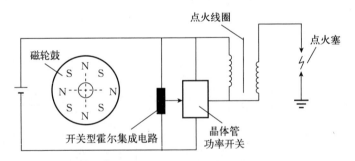

图 8.14　霍尔式汽车无触点点火装置原理

8.3.5　霍尔式压力传感器

　　霍尔式压力传感器由用于感受压力并把压力转换成位移量的弹簧管或膜盒等弹性元件、霍尔元件及磁路系统等部分组成，如图 8.15 所示。

　　被测压力发生变化使得弹性元件弹簧管端部发生位移，从而带动了霍尔片在均匀梯度磁场中移动，施加在霍尔片上的磁场发生了变化，输出的霍尔电势随之改变。测出霍尔电势的大小即可得到对应的压力值。

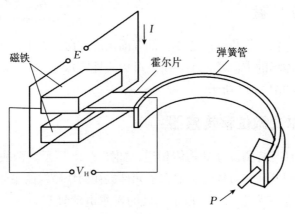

图 8.15 霍尔式压力传感器的结构原理

E. 直流稳压电源 V_H. 霍尔输出电压   P. 压力

8.3.6 霍尔式加速度传感器

如图 8.16 所示，固定在传感器壳体上的弹性悬臂梁中部的 M 是一个质量块，它用来感受加速度。霍尔元件 H 固定在梁的自由端，用来测量位移。永久磁铁采用同极性端相对的方式安装在霍尔元件的上下两侧，磁铁用来产生磁场。当运动时，质量块感受上下方向的加速度，从而产生与之成比例的惯性力，惯性力使梁弯曲变形，梁的自由端会产生与加速度成比例的位移，霍尔元件会输出与加速度成比例的霍尔电势，通过电动势的大小得到对应的加速度值。

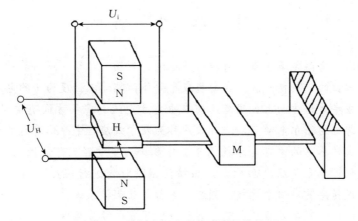

图 8.16 霍尔式加速度传感器的结构原理

8.3.7 霍尔罗盘

在地球上，任一个位置的地磁场都有固定的方向和大小。线性霍尔元件可以用来检测地磁场的方向及大小，所以可用线性霍尔元件制作电子罗盘，或者制作指南针，如图 8.17 所示。

8.3.8 霍尔式微位移传感器

将霍尔元件与待测位移的物体相连，如图 8.18 所示，两块永久磁铁的磁场强度相同，同极性相对放置，把霍尔元件放在两块磁铁的中间。此时磁铁中间的磁感应强度 B 为零，使得霍尔元件的霍尔电动势 $U_H = 0$。如果霍尔元件在两个磁铁中的位置发生了改变，霍尔元件感受到的磁感应强度也会改变，此时 U_H 的大小就反映了霍尔元件和磁铁之间的相对位置的变化量。

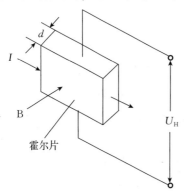
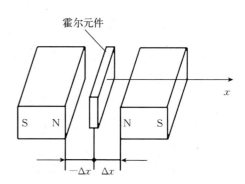

图 8.17　霍尔罗盘原理　　　图 8.18　霍尔式微位移传感器的结构原理

本 章 小 结

霍尔式传感器是基于霍尔效应，将电流、磁场、位移、压力等被测量转换成电动势输出的一种传感器。在金属或半导体两端通以强度为 I 的电流，在垂直于金属或半导体方向上加磁场，则在垂直于电流和磁场方向有电动势产生，这种电动势称为霍尔电动势，这种效应称为霍尔效应，半导体薄片称为霍尔元件。霍尔式传感器的优点是结构简单、体积小、重量轻、可靠性高、功耗小、易于集成化；缺点是温度影响大，高精度测量时需进行温度补偿，转换效率低。霍尔式传感器可用于计数、测速等多种工业测控系统。

本章给出了霍尔效应的定义，详细分析了霍尔效应原理，介绍了霍尔元件的外形、结构和符号。本章还分析了霍尔式传感器的优缺点，介绍了霍尔元件的基本测量电路。本章最后介绍了霍尔元件的典型应用，为应用和设计霍尔式传感器打下了基础。本章应重点掌握霍尔元件的工作原理。

思考题与习题

1. 什么是霍尔效应？
2. 什么是霍尔电动势？
3. 简述霍尔效应的原理。
4. 简述霍尔元件的结构。
5. 霍尔式传感器有哪些优点？
6. 霍尔式传感器有哪些缺点？
7. 霍尔元件的应用领域有哪些？

第 9 章 光电式传感器

光电式传感器是以光电器件作为转换元件，实现光电信息转换的一种能量型传感器。光电式传感器基本原理如图 9.1 所示。

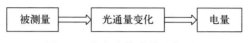

图 9.1 光电式传感器基本原理

光电式传感器具有响应快、非接触测量等优点，使其在很多领域得到了广泛的应用。

9.1 光电效应及其分类

9.1.1 光电效应

当物体受到光照射时，相当于一连串能量的光子轰击物体表面，物体中的某些电子会吸收光子的能量，导致物体发射电子、物体电导率发生变化或物体产生电动势的现象称为光电效应。

光电式传感器是一种将被测量通过光量的变化转换成电量的传感器，它的工作原理是光电效应。通常光电传感器由 3 部分组成：光源、光学通路和光电元件。光电式传感器得到的电量可以是模拟的，也可以是数字的。光电式传感器具有结构简单、精度较高、重量较轻、非接触测量、响应较快、性能可靠等很多优点，使它在很多领域得到了广泛的应用。

光可以被认为是由一串具有一定能量的光子所组成的，以电磁波的形式传播，同时具有波动性和粒子性特点。单个光子的能量为

$$E = hf \tag{9-1}$$

式中 h——普朗克常数，其值为 6.626×10^{-34} J·s；

　　　f——光的频率。

由式（9-1）可知，光的频率越高，光子的能量越大。

9.1.2 光电效应的分类

1. 外光电效应

光照射到物体表面时，物体内的电子在吸收光子后，能溢出物体表面向外发射的现象称为外光电效应，多发生于金属和金属氧化物。比较典型的器件如光电管、光电倍增管就是基于外光电效应的光电器件。

物体内的电子吸收光子能量后，光子能量被转换为动能和电子逸出功，即

$$hf = \frac{1}{2}mv^2 + A \qquad\qquad (9-2)$$

式中　m——电子的质量；

　　　　v——电子的逸出速度；

　　　　h——普朗克常数；

　　　　f——光的频率；

　　　　A——电子逸出物体表面的逸出功。

式（9-2）说明，光电子能否产生取决于光子的能量是否大于该物体的表面电子逸出功。

2. 内光电效应

受到光照后物体内的电子吸收光子后只在物质内部运动而不会逸出物体外部的现象称为内光电效应，又称为光电导效应，多发生在半导体中。应用内光电效应的典型器件是光敏电阻，它属于半导体光电元件。当不同强度的光照射到光敏电阻时，它的阻值是不同的。

3. 光生伏特效应

在光线作用下使物体产生一定方向电动势的现象称为半导体光生伏特效应。应用光生伏特效应的典型器件是光电池和光敏二极管、光敏三极管等，属于半导体光电元件。

9.2 光电器件

在实际应用中，常见的光电器件包括光敏电阻、光敏二极管、光敏三极管、光电管和光电池等。

9.2.1 光敏电阻

1. 光敏电阻的工作原理

光敏电阻是光电导型器件，又称光导管。其结构是在玻璃底板上均匀地涂

上一层薄薄的半导体物质，半导体两端装有金属电极，金属电极与引出线端相连接，通过引出线使光敏电阻接入电路。其工作原理是基于光电导效应。在光的照射下阻值会发生改变是光敏电阻的最大特点。如图9.2所示，光敏电阻是用半导体材料制成的光电器件，没有极性，使用时光敏电阻两端可加直流或交流电压。在没有光照射到光敏电阻的情况下，由于半导体中载流子非常少，此时光敏电阻的阻值是高阻态，一般是兆欧级，因此电路中的电流非常小，几乎没有电流流过，此时的电流称为暗电流，此时光敏电阻的阻值称为光敏电阻的

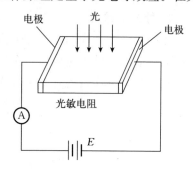

图 9.2　光敏电阻原理

暗电阻；当有光照射到光敏电阻时，使半导体中光生载流子急剧增加，光敏电阻的阻值急剧降低，其值一般在几千欧以下，在外电场作用下，光生载流子沿一定方向运动，形成光电流，此时的电流称为亮电流，此时光敏电阻的阻值称为光敏电阻的亮电阻。

光敏电阻的构成材料主要是硅、锗和化合物半导体，如硫化镉（CdS）、锑化铟（InSb）等。

光敏电阻的主要参数如下：

暗电阻：在未受光的照射时的光敏电阻的阻值。

暗电流：在未受光的照射时流过光敏电阻的电流。

亮电阻：在受光的照射时的光敏电阻的阻值。

亮电流：在受光的照射时流过光敏电阻的电流。

光电流：光敏电阻的亮电流与暗电流之差。

光敏电阻的暗电阻越大越好，亮电阻越小越好，即暗电流要小，亮电流要大，这样光敏电阻的灵敏度就越高。

2. 光敏电阻的电路符号

光敏电阻的电路符号如图9.3所示。

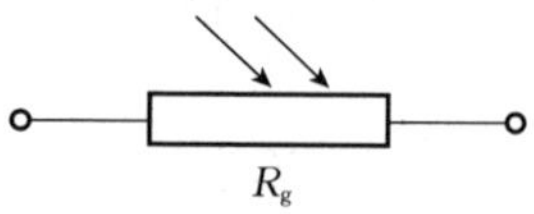

当电源电压不变时，流过光敏电阻的电流与光通量成非线性的关系。因此，一般在自动控制系统中光敏电阻常用作开关式光电信号传感元件。

图 9.3　光敏电阻的电路符号

光敏电阻具有灵敏度高、重量轻、体积小、性能稳定、制作简单等优点。其缺点是强光下光电线性度较差，弛豫时间过长，频率特性差，需要外部电源，有电流流过时会发热。

需要注意的是，光敏电阻受温度的影响较大。当温度升高时，它的暗电阻和灵敏度都下降。

3. 光敏电阻的外形

光敏电阻的外形如图 9.4 所示。

4. 光敏电阻的基本测量电路

光敏电阻的基本测量电路如图 9.5 所示，光敏电阻常用在自动照明灯控制电路、自动报警电路等自动控制电路、家用电器及各种测量仪器中。

图 9.4　光敏电阻的外形

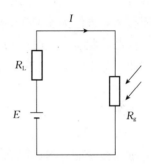

图 9.5　光敏电阻的基本测量电路

9.2.2　光敏二极管

光敏二极管广泛用于光电开关、光电控制检测等领域。

1. 光敏二极管的结构及工作原理

光敏二极管结构如图 9.6 所示。

光敏二极管在电路中一般是处于反向工作状态，当没有光照射时，它相当于一个普通二极管，反向电阻很大；当它受到光照射时，会降低它的反向电阻，其反向电阻会减小。

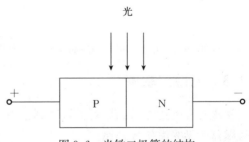

图 9.6　光敏二极管的结构

光敏二极管具有体积小、灵敏度高、响应时间短等特点。

光敏二极管基本电路如图 9.7 所示，在实际应用时，常常把光敏二极管正极接电源负极，负极接电源正极，即光敏二极管在电路中一般处于反向工作状态。需要注意的是，光敏二极管的 PN 结要安装在透明管壳的顶部，这样便于使光敏二极管的 PN 结直接受到光的照射。当光照射到光敏二极管时，光敏二极管的 PN 结内就会激发出大量的载流子，使 PN 结的反向漏电流明显增加，此时的电流称为亮电流，电阻约为 1 kΩ，光敏二极管处于导通状态，光照度越大，光电流越大；当没有光照射到光敏二极管时，光敏二极管的 PN 结中只有极少量的载流子，此时它与普通二极管一样，所以电路中的反向饱和漏电流非常小，使光敏二极管的反

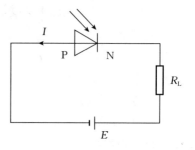

图 9.7　光敏二极管基本电路

向电阻很大，大约为 4 MΩ，电路中只有很小的反向饱和漏电流，光敏二极管处于反向截止状态，此时电路中的电流称为暗电流。

因此，光敏二极管在不受光照射时处于截止状态，受光照射时处于导通状态。

2. 光敏二极管的电路符号

光敏二极管的电路符号如图 9.8 所示。

3. 光敏二极管的外形

光敏二极管的外形如图 9.9 所示。

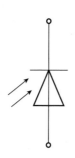

图 9.8　光敏二极管的电路符号　　图 9.9　光敏二极管的外形

9.2.3　光敏三极管

光敏三极管比光敏二极管灵敏度高，用于光电自动控制、光电计数，在光电传感器中做光电信号转换。

1. 光敏三极管的结构及工作原理

光敏三极管与一般晶体管很相似，具有两个 PN 结。光敏三极管在把光信号转换为电信号的同时，又将信号电流加以放大。

光敏三极管分为 PNP 和 NPN 两种类型，如图 9.10 所示。

光敏三极管的集电结具有光敏特性，光敏三极管的集电结相当于一个光敏二极管。

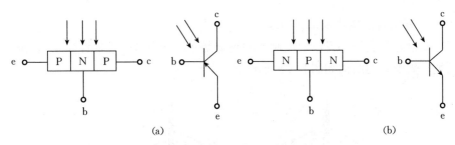

图 9.10　光敏三极管的结构原理

(a) PNP 型　(b) NPN 型

当有光照射光敏三极管时，光敏三极管的集电结内会激发出大量的载流子，使反向饱和漏电流明显增加，经三极管放大后形成了亮电流。所以，光敏三极管有放大作用。

当没有光照射时，光敏三极管的集电结只有非常少的反向饱和漏电流。这个经三极管放大后的电流称为暗电流，其值较小。

光敏三极管与光敏二极相比，光敏三极管适合对弱光的检测，原因是光敏三极管的灵敏度较光敏二极管高数十倍。

2. 光敏三极管的外形

光敏三极管的外形如图 9.11 所示。

3. 光敏二极管和光敏三极管的优缺点

(1) 光电流。光敏三极管的光电流一般在几毫安以上，至少几百微安，是光敏二极管的几十倍甚至上百倍，具有很大的光电流放大作用；光敏三极管与光敏二极管的暗电流相差不大，一般都小于 $1\,\mu A$。

(2) 输出特性。光敏三极管的线性较差，而光敏二极管的线性较好。

(3) 响应时间。光敏三极管的响应时间为 $5\sim10\,\mu A$，而光敏二极管的响应时间一般低于 $100\,ns$。所以，当工作频率较低时，选用光敏三极管；当工作频率较高时，选用光敏二极管。

(4) 灵敏度。光敏三极管具有更高的灵敏度。

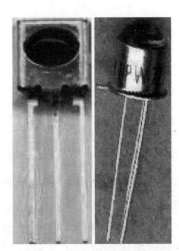

图 9.11　光敏三极管的外形

9.2.4 光电管

1. 光电管的结构及工作原理

光电管是利用外光电效应制成的光电器件，分为真空光电管和充气光电管两类。光电管的结构如图 9.12 所示。

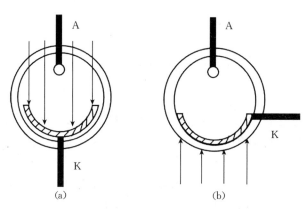

图 9.12 光电管的结构

（a）金属底层光电管 （b）光透明光电管

A. 光电管阳极 K. 阴极

当适当波长的光照射到光电管的阴极时会发射电子，电子会被中央带正电位的阳极吸引而从阴极逸出，这样光电管内部就形成了空间电子流，外部电路中就形成了电流。

2. 光电管的外形

光电管的外形如图 9.13 所示。

3. 光电倍增管

光照很弱时，光电管产生的电流很小，为提高灵敏度研制了光电倍增管。

如图 9.14 所示，光电倍增管由阴极、阳极和倍增极组成，倍增极通常为 12~14 级。为产生更多的电子，在倍增极上涂上涂料且倍增极之间有依次增大的加速电压。

光电倍增管工作原理是光照射到

图 9.13 光电管的外形

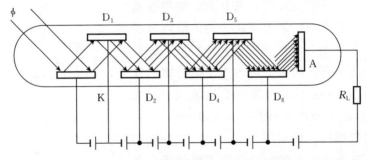

图 9.14　光电倍增管的结构原理示意图

光电倍增管的阴极产生光电子，产生的电子在电场的作用下高速撞击倍增极 D_1，会产生更多的光电子，以此类推，产生的电子被不断加速，不断打击到其他的倍增极，不断产生更多的电子，最终在阳极吸收大量的光电子，形成了较大的电流。

图 9.15　光电倍增管的外形

　　假设倍增极的二次发射系数都是 σ，则光电倍增管的倍增系数 $M=\sigma^n$。所以，阳极电流 I 为

$$I=i\sigma^n \qquad (9-3)$$

式中　　i——光电倍增管阴极的光电流；

　　　　n——光电倍增极的级数。

光电倍增管的放大倍数可达几万倍到几百万倍。

4. 光电倍增管外形

光电倍增管外形如图 9.15 所示。

9.2.5　光电池

　　光电池利用光生伏特效应将太阳能转换成电能，即太阳能电池，所以可将光电池做光伏器件使用。太阳能电池在宇宙开发、航空及通信设施中得到了广泛应用。

1. 光电池的工作原理

硅光电池的工作原理是基于光生伏特效应。

光电池结构的核心部分是一个 PN 结，一般做成面积较大的薄片状，以便接收更多的入射光。

光电池的工作原理如图 9.16 所示。

N 型单晶硅片、P 型薄层和电极构成了 PN 结，N 型硅中的电子向 P 型层中扩散，而 P 中的空穴向 N 中扩散。如果硅光电池没有受到光照，因为载流子的扩散形成了阻挡层，会阻止 P 中空穴的进一步扩散，最终会达成动态平衡。因为光电池 PN 结的面积较大，所以当光照射在光电池的 P 区表面时，则 PN 结附近的 P 型层中被光激发出电子空穴对，电子穿过阻挡层，积累在 N 型层，空穴留在 P 型层中，导致两个电极间的电场逐渐增强，直

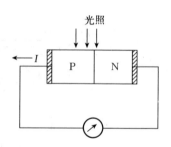

图 9.16　光电池的工作原理

到电场可抵制电荷的进一步漂移，当照射的光强度达到一定时，电动势就达到了动态平衡。相当于一个电池，P 为正极、N 为负极，如果连接两极，就会形成通路，电路中有电流流过。

光电池是一种有源光电元件，是利用光生伏特效应原理制成的不需外加偏压就能将光能转化成电能的光电器件。它可以将光能转换为电能，因此又称为太阳能电池。在有光线作用下，光电池就是一个电源，电路中有了这种器件就不再需要外加电源。因此，用光电池可为外电路提供能量。

光电池有硒光电池、砷化镓光电池、硅光电池、硫化铊光电池、硫化镉光电池等。目前，应用最广、最有发展前途的是硅光电池和硒光电池。硅光电池的优点是性能稳定、传递效率高、便宜。

硅光电池可用在光电探测器和光通信等领域。

2. 光电池的电路符号和基本电路

光电池的电路符号和基本电路如图 9.17 所示。

3. 光电池的外形

光电池的外形如图 9.18 所示。

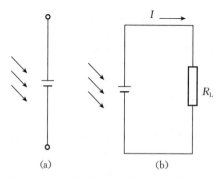

图 9.17　光电池的电路符号和基本电路
（a）电路符号　（b）基本电路

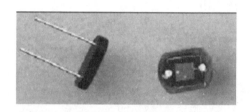

图 9.18　光电池的外形

9.3 光电式传感器的应用

9.3.1 路灯控制电路

图 9.19 为路灯自动控制电路，电路
中的 R_g 为光敏电阻，L 为被控路灯，在
光线充足的白天，光敏电阻 R_g 的阻值较
小，三极管基极电位较低，三极管处于
截止状态，三极管的集电极的电位为高
电平，被控路灯 L 熄灭；当晚上时，光
线较暗，光敏电阻 R_g 的阻值较大，三极
管的基极电位较高，三极管处于导通状

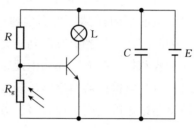

图 9.19 路灯自动控制电路

态，三极管的集电极的电位为 0 V，所以被控路灯 L 点亮。

9.3.2 干手器电路

自动干手器电路利用的是光电池的光照特性。

如图 9.20 所示，当手放入干手器时，由于手遮住了灯泡发出的光，所以
此时光照射不到光电池，光电池不会产生电动势，此时晶体管的基极处于正偏
状态，因此继电器吸合，电热丝和吹风机通电，热风吹出烘手。当手从干手器
中抽出后，灯泡发出的光会照射到光电池，会使光电池产生电动势，增大了三
极管的基极电压，使三极管的发射结由于反偏而截止，使继电器释放，切断了
电热丝和吹风机之间的电源，热风停止吹出。

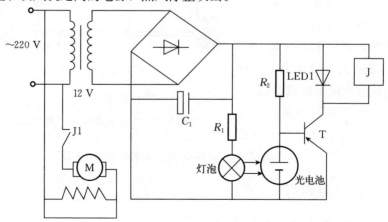

图 9.20 干手器电路

9.3.3　光电式烟尘浊度检测仪

一些工业生产（如火力发电）向空气中排放了大量的烟尘，为了消除工业烟尘污染，需要检测烟尘的排放量。

如图 9.21 所示，可通过检测光在烟道里传输过程中的变化大小方式获取对烟尘浊度的检测。当烟尘浊度减弱时，被烟尘颗粒吸收和折射的光减少，因此增加了从光源发出到达光检测器的光；当烟道浊度增加时，被烟尘颗粒吸收和折射的光增加，因此减少了从光源发出到达光检测器的光。这样通过分析光电检测器输出信号强弱的方式就可知道烟尘浊度的变化。如果烟尘浊度超过上限，则可通过报警方式给予提示，并进行处理和控制。

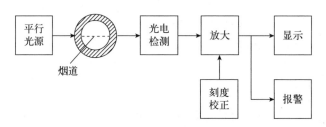

图 9.21　光电式烟尘浊度检测系统框图

9.3.4　光电式数字转速表

如图 9.22 所示，白炽灯用来作为恒定光源，在待测转速轴上固定一个带孔的转速调制盘，白炽灯发出的光穿过转速调制盘的孔隙照射到由光敏二极管组成的光电转换器上，这部分光被转换成了电脉冲信号。通过对这些产生的电脉冲信号进行放大、整形处理后，形成

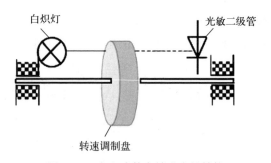

图 9.22　光电式数字转速表的结构

了规则的脉冲信号，最后通过对该脉冲频率的分析测得转速值。

9.3.5　自动照明灯

自动照明灯电路如图 9.23 所示。

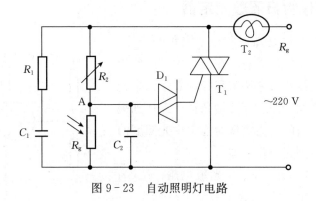

图 9-23　自动照明灯电路

D$_1$ 为触发二极管，触发电压为 30 V 左右。

在光线昏暗的傍晚，由于没有光的照射，光敏电阻 R_g 的阻值较大，导致 A 点电位大于 30 V，高于触发二极管 D$_1$ 的触发电压，使二极管 D$_1$ 导通，使双向可控硅 T$_1$ 导通，所以照明灯点亮。

光线充足的白天，在光的照射下，光敏电阻 R_g 的阻值较低，导致 A 点电位小于 30 V，低于触发二极管 D$_1$ 的触发电压，使二极管 D$_1$ 截止，由于没有触发电流，所以双向可控硅截止，因此灯不亮，实现了照明灯根据光线的强弱自动亮灭。

9.3.6　太阳能电池电源

太阳能电池是利用光电效应将太阳能转换成电能的器件。整个系统由太阳电池方阵、蓄电池组、阻塞二极管和调节控制器等组成。如果还需要向交流负载供电，需要增加一个直流-交流变换器，系统框图如图 9.24 所示。

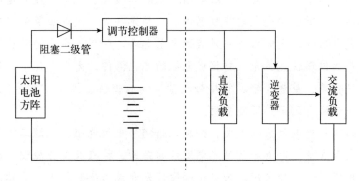

图 9.24　太阳能电池电源系统框图

9.3.7 农作物日照数测定器

未来的农业将是知识和技术密集的产业，为有效提高农业生产效益，在温室中可以使用传感器配套监控装置来调节和控制农作物生长的温度、湿度及光照度等环境条件，以达到提高经济效益的目的。为实现对温室中光照度的检测，需要用到光电传感器。

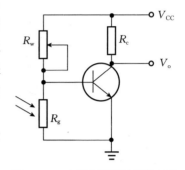

如图 9.25 所示，R_g 为光敏电阻，R_w 为阻值可调的电阻，V_o 为输出端电压。

图 9-25 光敏电阻测日照数电路

输出端电压 V_o 接单片机的 I/O 口。没有光照时 $V_o = V_L$，有光照时 $V_o = V_H$。假定每间隔 n min 对该单片机的 I/O 口进行一次查询，如果 I/O 口是高电平就计数一次；如果 I/O 口是低电平，则不进行计数，这样就可以统计出 1 d 内日照的小时数。

本 章 小 结

光电式传感器是把光信号转换成电信号的一种传感器，它的工作原理是光电效应。当物体受到光照射时，相等于一连串能量的光子轰击物体表面，物体中的某些电子会吸收光子的能量，导致物体发射电子、物体电导率发生变化或物体产生电动势的现象称为光电效应。光电效应分为外光电效应、内光电效应和光生伏特效应。

在实际应用中，光电管、光敏电阻、光敏二极管、光敏三极管是比较常见的光电器件。光敏电阻是光电导型器件，又称光导管。光电管是利用外光电效应制成的光电器件。光电池是一种有源光电元件，利用光生伏特效应的原理制成的不需外加偏压就能将光能转化成电能的光电器件。光电式传感器具有结构简单、精度较高、重量较轻、非接触测量、响应较快、性能可靠等很多优点，使它在很多领域得到了广泛的应用。

本章给出了光电效应的定义、分类，介绍了光敏电阻、光敏二极管、光敏三极管、光电管及光电池等常见光电器件的结构、特点及工作原理，最后给出了光电式传感器的典型应用，为应用和设计光电式传感器打下了基础。本章应重点掌握各种光电器件的工作原理。

思 考 题 与 习 题

1. 什么是光电效应?

2. 光电式传感器有哪些优点?

3. 光电效应分为哪几类?

4. 什么是外光电效应?

5. 应用外光电效应的典型光电器件有哪些?

6. 什么是内光电效应?

7. 应用内光电效应的典型光电器件有哪些?

8. 什么是光生伏特效应?

9. 应用光生伏特效应的典型光电器件有哪些?

10. 常见的光电器件有哪些?

11. 光敏电阻的主要参数有哪些?

12. 什么是光敏电阻的暗电流?

13. 什么是光敏电阻的亮电流?

14. 什么是光敏电阻的暗电阻?

15. 什么是光敏电阻的亮电阻?

16. 简述光敏电阻的工作原理。

17. 简述光敏二极管的工作原理。

18. 简述光敏三极管的工作原理。

19. 简述光敏三极管和光敏二极管的优缺点。

20. 简述光电管的工作原理。

21. 光电管分为哪几种?

22. 简述光电倍增管的工作原理。

23. 简述光电池的工作原理。

参考文献

陈艾，2004. 敏感材料与传感器 [M]. 北京：化学工业出版社.

陈杰，黄鸿，2002. 传感器与检测技术 [M]. 北京：高等教育出版社.

董春利，黄安春，潘洪坤，2008. 传感器与检测技术 [M]. 北京：机械工业出版社.

樊尚春，2016. 传感器技术及应用 [M]. 3 版. 北京：北京航空航天大学出版社.

高光天，张伦，冯新强，等，2002. 传感器与信号调理器件应用技术 [M]. 北京：科学出版社.

高晓蓉，2003. 传感器技术 [M]. 成都：西南交通大学出版社.

韩九强，周杏鹏，2010. 传感器与检测技术 [M]. 北京：清华大学出版社.

韩裕生，乔志花，张金，2013. 传感器技术及应用 [M]. 北京：电子工业出版社.

何道清，2003. 传感器与传感器技术 [M]. 北京：科学出版社.

何希才，任力颖，杨静，2007. 实用传感器接口电路实例 [M]. 北京：中国电力出版社.

贾石峰，2009. 传感器原理与传感器技术 [M]. 北京：机械工业出版社.

蒋亚东，谢光忠，2008. 敏感材料与传感器 [M]. 成都：电子科技大学出版社.

金发庆，2012. 传感器技术与应用 [M]. 北京：机械工业出版社.

靳伟，2006. 传感器新进展 [M]. 北京：科学出版社.

李艳红，李海华，杨玉蓓，2016. 传感器原理及实际应用设计 [M]. 北京：北京理工大学出版社.

李英顺，佟维妍，高成，等，2009. 现代检测技术 [M]. 北京：中国水利水电出版社.

李永霞，2016. 传感器检测技术与仪表 [M]. 北京：中国铁道出版社.

梁森，黄杭美，王明宵，2017. 传感器与检测技术项目教程 [M]. 北京：机械工业出版社.

梁森，欧阳三泰，王侃夫，2007. 自动检测技术及应用 [M]. 北京：机械工业出版社.

刘娇月，杨聚庆，2016. 传感器技术及应用项目教程 [M]. 北京：机械工业出版社.

刘起义，2011. 传感器及其应用技术 [M]. 北京：国防工业出版社.

刘迎春，叶湘滨，1998. 现代新型传感器原理与应用 [M]. 北京：国防工业出版社.

栾桂冬，张金铎，金欢阳，2002. 传感器及其应用 [M]. 西安：西安电子科技大学出版社.

马林联，2016. 传感器技术及应用教程 [M]. 2 版. 北京：中国电力出版社.

钱裕禄，2013. 传感器技术及应用电路项目化教程 [M]. 北京：北京大学出版社.

强锡富，2001. 传感器 [M]. 3 版. 北京：机械工业出版社.

沙占友，2002. 智能集成化温度传感器原理与应用 [M]. 北京：电子工业出版社.

沈聿农，2014. 传感器及应用技术 [M]. 3 版. 北京：化学工业出版社.

施湧潮，梁福平，牛春晖，2007. 传感器检测技术 [M]. 北京：国防工业出版社.

宋文，王兵，周应宾，2007. 无线传感器网络技术与应用 [M]. 北京：电子工业出版社.

孙传友，吴爱平，2015. 感测技术基础 [M]. 4版. 北京：电子工业出版社.

孙建民，杨清梅，2005. 传感器技术 [M]. 北京：清华大学出版社.

孙萍，何茗，姬海宁，2014. 传感器原理及应用 [M]. 北京：科学出版社.

唐露新，2006. 传感与检测技术 [M]. 北京：科学出版社.

唐文彦，2006. 传感器 [M]. 4版. 北京：机械工业出版社.

王化祥，2008. 现代传感技术及应用 [M]. 北京：化学工业出版社.

王淼，2009. 传感检测技术 [M]. 天津：天津大学出版社.

王卫兵，张宏，郭文兰，2016. 传感器技术及其应用实例 [M]. 2版. 北京：机械工业出版社.

王雪文，张志勇，2004. 传感器原理及应用 [M]. 北京：北京航空航天大学出版社.

吴建平，2016. 传感器原理及应用 [M]. 北京：机械工业出版社.

熊茂华，熊昕，2014. 无线传感器网络技术及应用 [M]. 西安：西安电子科技大学出版社.

徐科军，2016. 传感器与检测技术 [M]. 4版. 北京：电子工业出版社.

杨清梅，孙建民，2004. 传感器与检测技术 [M]. 哈尔滨：哈尔滨工程大学出版社.

余成波，聂春燕，张佳薇，2010. 传感器原理与应用 [M]. 武汉：华中科技大学出版社.

郁有文，常健，2000. 传感器原理及工程应用 [M]. 西安：西安电子科技大学出版社.

曾华鹏，王莉，曹宝文，2018. 传感器应用技术 [M]. 北京：清华大学出版社.

曾孟雄，李力，肖露，等，2008. 智能检测控制技术及应用 [M]. 北京：电子工业出版社.

张洪润，傅瑾新，吕泉，等，2006. 传感器应用电路200例 [M]. 北京：北京航空航天大学出版社.

张洪润，孙悦，张亚凡，2009. 传感技术与应用教程 [M]. 2版. 北京：清华大学出版社.

张洪润，张亚凡，邓洪敏，2008. 传感器原理及应用 [M]. 北京：清华大学出版社.

张建奇，应亚萍，2019. 检测技术与传感器应用 [M]. 北京：清华大学出版社.

张岩，胡秀芳，2005. 传感器应用技术 [M]. 福建：福建科学技术出版社.

赵燕，2010. 传感器原理及应用 [M]. 北京：北京大学出版社.

周贤伟，覃伯平，徐福华，2007. 无线传感器网络与安全 [M]. 北京：国防工业出版社.

周旭，2007. 传感器技术 [M]. 北京：国防工业出版社.

图书在版编目（CIP）数据

传感器及检测技术 / 周福恩，卢微主编 . —北京：
中国农业出版社，2023.12（2024.3 重印）
ISBN 978 - 7 - 109 - 31619 - 5

Ⅰ.①传…　Ⅱ.①周…　②卢…　Ⅲ.①传感器－检测
－高等学校－教材　Ⅳ.①TP212

中国国家版本馆 CIP 数据核字（2023）第 241452 号

中国农业出版社出版
地址：北京市朝阳区麦子店街 18 号楼
邮编：100125
责任编辑：冀　刚　　文字编辑：李兴旺
版式设计：书雅文化　　责任校对：吴丽婷
印刷：三河市国英印务有限公司
版次：2023 年 12 月第 1 版
印次：2024 年 3 月河北第 2 次印刷
发行：新华书店北京发行所
开本：700mm×1000mm　1/16
印张：10.75
字数：200 千字
定价：68.00 元